应用型本科物理实验教程

大学物理基础实验

主编 沈 陵

中国科学技术大学出版社

内 容 简 介

本书是根据《高等工业学校物理实验课程教学基本要求》及培养应用型人才的教学目的，总结多年的物理实验教学实践经验编写而成的.主要内容包括：有效数字、误差分析和数据处理的基本方法，大学物理基本实验的实验原理、实验仪器、基本测量方法和要求，共选择了19个实验，包含力学、热学、电磁学、光学等内容.在编写过程中，尽量做到目的明确、重点突出、实验原理和步骤详细具体，语言简练，并附有数据处理的具体表格，使学生在编写实验报告时能统一规范，便于教师批改.教材的主要内容为物理基础实验，可供少课时工科专业学生使用.

图书在版编目(CIP)数据

大学物理基础实验/沈陵主编.—合肥：中国科学技术大学出版社，2012.8(2016.1重印)

ISBN 978-7-312-03073-4

Ⅰ.大… Ⅱ.沈… Ⅲ.物理学—实验—高等学校—教材 Ⅳ.O4-33

中国版本图书馆CIP数据核字(2012)第150209号

出版 中国科学技术大学出版社
地址：安徽省合肥市金寨路96号，邮编：230026
网址：http://press.ustc.edu.cn
印刷 合肥学苑印务有限公司
发行 中国科学技术大学出版社
经销 全国新华书店
开本 710 mm×960 mm 1/16
印张 10.25
字数 183千
版次 2012年8月第1版
印次 2016年1月第3次印刷
定价 20.00元

前　言

本书是根据《高等工业学校物理实验课程教学基本要求》及培养应用型人才的教学目的，总结多年的物理实验教学实践经验编写而成的.

本书主要介绍一些基础性实验，旨在培养学生的基本实验操作和数据处理技能，为今后做工科专业课实验奠定基础，适用于少课时物理实验教学. 考虑到实验课学习的初始阶段，学生需要独立阅读教材进行预习，故编写时对实验目的、实验仪器、实验原理介绍得比较详细，还给出了设计好的数据表格，以便于学生理解掌握. 每个实验后都附加了一些思考题，可以促使学生对实验内容进行思考和总结，也可作为物理实验期末测试题.

实验课教学是一项集体工作，无论是在本书的编写过程中，还是在平时的实验教学中，铜陵学院物理教研室全体老师都付出了辛勤的劳动，结合本校的实验条件和对学生能力培养的要求，不断修订教学大纲和实验内容，将多年使用的讲义编定成册. 此书的编写具体分工如下：

沈陵：前言，绪论，第 1-2、4-4、4-7、5-1、5-2、5-3 节，附录；章成文：第 3-2、4-8、4-9 节；王悦：第 3-1、4-1、4-5、4-6 节；李伟艳：第 2-1、2-2、2-4、2-5 节；卫星：第 2-3、4-2、4-3 节. 最后由沈陵老师对全书文稿格式进行了统一整理，并对部分内容做了必要的修改和补充.

在本书的编写过程中，我们得到了杭州天煌教学仪器厂和合肥工业大学物理教研室的大力帮助，获得了很多宝贵的资料，同时也得到了铜陵学院教务处和教材科的大力支持，在此一并表示感谢！

实验课教学是培养应用型人才的重要和必要环节，我们会不断探索教学内容的更新和教学方法的改进，期待此书能满足教学的基本需求，能起到启发学生思路、培养学生动手能力的作用. 由于编者水平有限、时间仓促，疏漏、错误之处在所难免，恳请同行及广大读者原谅和批评指正.

编　者

2012 年 6 月

目　　录

绪　论

1. 物理实验的地位和作用

实验是在人工控制的条件下，使现象反复重演，并进行观测研究的过程. 科学实验和现代科学发展之间存在着本质的联系. 没有严格的科学实验，科学真理便失去了检验的标准，现代科学技术就失去了源泉. 实验可以使科学工作者获得最可靠的第一手资料，还可以培养人们的基本科学素养和严肃、认真、实事求是的治学精神. 重理论、轻实践的思想倾向，是与科技现代化的需要相背离的.

物理实验在物理学的创立和发展过程中，占有十分重要的地位. 物理学中许多概念的确立、物理规律的发现，都以实验为基础，并受到实验检验. 例如，早在 16 世纪末，伽利略就应用实验方法发现了落体运动定律、斜面运动定律和单摆运动定律，从而在力学中引进了速度、加速度的概念，建立了惯性定律.

物理实验对现代物理学各个学科和应用技术的发展也起着决定性的作用. 例如，1908 年，荷兰莱登实验室将氦液化，发现在超低温条件下，物质具有超导性、抗磁性和超流性. 近年来，超导体材料和超导体技术的研究进一步蓬勃开展着，为无能耗储电、输电及制造高效能电气元件等创造了极其有利的条件. 激光虽然源于爱因斯坦在 1916 年提出的受激辐射原理，但它主要是在实验中产生和发展起来的. 从 1960 年迈曼首次制成红宝石激光器以后，激光以其方向性强、能量密度大和相干性高等优点，发展十分迅速，各种高效能激光器不断出现. 目前，激光技术已广泛应用于测距、机械加工、医疗手术和一些新式武器上.

实验—理论—实验，这是一个经过科学史证明的科研准则，至今仍有重大意义. 物理实验是现代科学理论持续发展的必要保证. 任何物理理论都是相对正确的，每向前发展一步都必须经受新实验的考验. 例如，李政道和杨振宁以 K 介子衰变的实验事实为根据，提出了弱相互作用过程中存在宇称不守恒的假设，他们建议用 β 放射的实验来验证自己提出的理论. 这个实验由吴健雄等完成，在这个基础上才初步建立了弱相互作用的理论.

当然,理论具有重要的指导作用,物理实验问题的提出、设计、分析和概括也必须应用已有的理论.总之,物理学的发展是在实验和理论两方面相互推动和密切配合下进行的.要学好物理学,不仅要有丰富的理论知识,而且必须重视实验课的学习,提高现代实验能力,二者不可偏废,这样才能适应科技飞速发展的需要,才能作出有创造性的成果.

2. 物理实验课的目的和任务

物理实验课是高等院校对大学生进行科学实验基本训练的一门独立的必修基础课程,是大学生进入大学后接受系统实验方法和实验基本技能训练的开端,是培养学生进行科学实验能力的重要基础.本课程的具体任务是:

(1) 培养和提高学生的物理实验技术水平

通过对实验现象的观察、分析和对物理量的测量,加深对物理学原理的理解.

(2) 培养和提高学生的科学实验能力

包括:能够自行阅读实验教材或资料,掌握大学物理实验原理;能够借助于教材或仪器说明书,正确使用常用仪器,熟悉基本实验方法和测量方法,并能测试常用的物理量;能够正确记录和处理实验数据,说明实验结果并撰写合格的实验报告;能够运用物理学理论对实验现象进行初步分析,并作出判断;能够自行完成简单的设计性实验.

(3) 培养和提高学生的科学实验素养

要求学生具有理论联系实际和实事求是的科学作风,严肃认真的工作态度,主动研究的探索精神和遵守纪律、爱护公共财产的优良品德.

3. 物理实验课的程序

(1) 课前预习是做好实验的前提

通过预习要求达到:清楚本次实验的目的、基本原理和实验方案的思路,对实验步骤有个总体观念,如观察什么现象、测量哪些物理量、如何去测量、关键问题何在及如何去解决.在此基础上写出预习报告,其内容包括:实验名称、实验仪器、实验原理(简写)、实验步骤(简写)、记录数据的表格.预习报告在做实验前由教师进行检查,不预习者不准进行实验.

（2）课堂实验

学生进入实验室后，要自觉遵守实验规则，认真听取教师的指导，回答教师的提问.实验前清点所用仪器，弄清仪器的使用方法及注意事项，做到正确使用，防止损坏，未经许可不准自行换用.如仪器损坏或出现故障应立即报告教师处理.

实验过程中，要能较好地控制实验的物理过程或物理现象，有条不紊地操作，仔细地观察，及时而准确地测量并记录数据.

实验完毕，将数据交教师审阅、签字后，再将仪器整理复原.

（3）写实验报告

写实验报告是学生对该实验进行总结、提高，深化实验成果的过程，要独立完成，不得抄袭或涂改数据.实验报告要求字迹清楚、文理通顺，图表、数据处理正确.

实验报告的内容包括以下几方面：

① 实验名称；

② 实验目的；

③ 实验仪器（必要时应注明仪器规格、型号及仪器编号等）；

④ 实验原理（要用简洁扼要的语言说明实验所依据的原理和公式及原理图）；

⑤ 实验步骤；

⑥ 数据记录与数据处理（包括原始数据、表格、实验曲线、主要计算步骤、测量结果及其不确定度）；

⑦ 问题讨论（回答思考题，对实验中观察到的异常现象进行记录并对出现异常现象的原因进行说明，对实验结果进行分析，对实验装置和方法的改进提出建议以及记录心得体会等）.

4. 对学生做实验的几点要求

（1）准时到课（迟到者酌情扣分）.

实验时间有限，若学生不能准时出勤，拖沓到堂，必然影响课堂气氛和实验效果.

（2）预习实验报告

了解实验目的、实验仪器，理解实验原理，大致了解实验步骤，做好预习思考题.

（3）实验操作

认真听取老师的理论指导和实验演示，严格按实验步骤和实验程序完成实验，认真记录数据，严禁抄袭.

(4) 爱护实验室仪器

仪器应轻拿轻放，不要过分用力，因粗心大意毁坏仪器者，除扣分外还应赔偿有关损失.

实验做完，应主动整理好实验仪器.

(5)认真做好实验报告

严格按实验报告的要求书写，内容应完整翔实，数据处理是重点，不可只有记录没有计算结果，否则按不合格记分.

第 1 章　测量误差及数据处理的基本知识

物理实验离不开对物理量的测量. 由于测量仪器、测量方法、测量条件、测量者水平等因素的限制,测量结果不可能绝对准确. 所以需要对测量结果的可靠性做出评价,对其误差范围做出估计,并能正确地表达实验结果.

本章主要介绍误差和不确定度的基本概念,测量结果不确定度的计算,实验数据处理和实验结果表达等方面的基本知识. 这些知识不仅在每个实验中都要用到,而且是今后从事科学实验工作所必须了解和掌握的.

1-1　测量与误差

1-1-1　测量

物理实验不仅要定性地观察物理现象,更重要的是找出有关物理量之间的定量关系. 因此就需要进行定量的测量. 测量就是借助仪器用某一计量单位把待测量的大小表示出来. 根据获得测量结果的方法不同,测量可分为直接测量和间接测量:由仪器或量具可以直接读出测量值的测量称为直接测量. 如用米尺测量长度,用天平称质量. 另一类需依据待测量和某几个直接测量值的函数关系通过数学运算获得测量结果,这种测量称为间接测量. 如用伏安法测电阻,已知电阻两端的电压和流过电阻的电流,依据欧姆定律求出待测电阻的大小.

一个物理量能否直接测量不是绝对的. 随着科学技术的发展,测量仪器的改进,很多原来只能间接测量的量,现在可以直接测量了. 比如车速的测量,可以直接用测速仪进行直接测量. 物理量的测量,大多数是间接测量,但直接测量是一切测量的基础.

一个被测物理量,除了用数值和单位来表征外,还有一个很重要的参数,这便是对测量结果可靠性的定量估计.这个重要参数却往往容易为人们所忽视.设想如果得到一个测量结果的可靠性几乎为零,那么这种测量结果还有什么价值呢?因此,从表征被测量这个意义上来说,对测量结果可靠性的定量估计与其数值和单位至少具有同等的重要意义,三者是缺一不可的.

1-1-2 误差

绝对误差 在一定条件下,某一物理量所具有的客观大小称为真值.测量的目的就是力图得到真值.但由于受测量方法、测量仪器、测量条件以及观测者水平等多种因素的限制,测量结果与真值之间总有一定的差异,即总存在测量误差.设测量值为 N,相应的真值为 N_0,测量值与真值之差为 ΔN,即

$$\Delta N = N - N_0$$

称为测量误差,又称为**绝对误差**,简称**误差**.

误差存在于一切测量之中,测量与误差形影不离,分析测量过程中产生的误差,将影响降低到最低程度,并对测量结果中未能消除的误差做出估计,是实验测量中不可缺少的一项重要工作.

相对误差 绝对误差与真值之比的百分数叫做相对误差.用 E 表示

$$E = \frac{\Delta N}{N_0} \times 100\%$$

由于真值无法知道,所以计算相对误差时常用 N 代替 N_0.在这种情况下,N 可能是公认值,或高一级精密仪器的测量值,或测量值的平均值.相对误差用来表示测量的相对精确度,相对误差用百分数表示,保留两位有效数字.

1-1-3 误差的分类

根据误差的性质和产生的原因,误差可分为三类:系统误差、随机误差和粗大误差.

1. 系统误差

系统误差是指在同一条件(指方法、仪器、环境、人员)下多次测量同一物理量

时，结果总是向一个方向偏离，其数值一定或按一定规律变化. 系统误差的特征是具有一定的规律性.

系统误差的来源具有以下几个方面：

① 仪器误差. 它是由于仪器本身的缺陷或没有按规定条件使用仪器而造成的误差. 如螺旋测径器的零点不准，天平不等臂等.

② 理论误差. 它是由于测量所依据的理论公式本身的近似性，或实验条件不能达到理论公式所规定的要求，或测量方法不当等所引起的误差. 如实验中忽略了摩擦、散热、电表的内阻、单摆周期公式 $T=2\pi\sqrt{\frac{l}{g}}$ 的成立条件等.

③ 个人误差. 它是由于观测者本人生理或心理特点造成的误差. 如有人用秒表测时间时，总是使之过快.

④ 环境误差. 是外界环境性质(如光照、温度、湿度、电磁场等)的影响而产生的误差. 如环境温度升高或降低，使测量值按一定规律变化.

产生系统误差的原因通常是可以被发现的，原则上可以通过修正、改进加以排除或减小. 分析、排除和修正系统误差要求测量者有丰富的实践经验. 这方面的知识和技能在我们以后的实验中会逐步地学习，并要很好地掌握.

2. 随机误差

在相同测量条件下，多次测量同一物理量时，误差的绝对值符号的变化，时大时小、时正时负，以不可预定方式变化着的误差称为随机误差，有时也叫偶然误差.

引起随机误差的原因有很多，与仪器精密度和观察者感官灵敏度有关. 如无规则的温度变化，气压的起伏，电磁场的干扰，电源电压的波动等，引起测量值的变化. 这些因素不可控制又无法预测和消除.

当测量次数很多时，随机误差就显示出明显的规律性. 实践和理论都已证明，随机误差服从一定的统计规律(正态分布)，其特点表现为：

① 单峰性. 绝对值小的误差出现的概率比绝对值大的误差出现的概率大；

② 对称性. 绝对值相等的正负误差出现的概率相同；

③ 有界性. 绝对值很大的误差出现的概率趋于零；

④ 抵偿性. 误差的算术平均值随着测量次数的增加而趋于零.

因此，增加测量次数可以减小随机误差，但不能完全消除.

3. 粗大误差

由于测量者过失,如实验方法不合理,用错仪器,操作不当,读错数值或记错数据等引起的误差,是一种人为的过失误差,不属于测量误差,只要测量者采用严肃认真的态度,过失误差是可以避免的.在数据处理中要把含有粗大误差的异常数据加以剔除.剔除的准则一般为 3σ 准则或肖维准则.

1-1-4　测量的精密度、准确度和精确度

测量的精密度、准确度和精确度都是评价测量结果的术语,但目前使用时其含义并不尽一致,以下介绍较为普遍采用的说法.

精密度表示的是在同样测量条件下,对同一物理量进行多次测量,所得结果彼此间相互接近的程度,即测量结果的重复性、测量数据的弥散程度,因而测量精密度是测量偶然误差的反映.测量精密度越高,偶然误差越小,但系统误差的大小不明确.

准确度表示的是测量结果与真值接近的程度,因而它是系统误差的反映.测量准确度高,则测量数据的算术平均值偏离真值较小,测量的系统误差小,但数据较分散,偶然误差的大小不确定.

精确度表示的则是对测量的偶然误差及系统误差的综合评定.精确度高,测量数据较集中在真值附近,测量的偶然误差及系统误差都比较小.

1-1-5　随机误差的估计

对某一物理量进行多次重复测量时,其测量结果服从一定的统计规律,也就是正态分布(或高斯分布).我们用描述高斯分布的两个参量(x 和 σ)来估计随机误差.设在一组测量值中,n 次测量的值分别为 $x_1, x_2, \cdots, x_n$.

1. 算术平均值

根据最小二乘法原理证明,多次测量的算术平均值

$$\bar{x}=\frac{1}{n}\sum_{i=1}^{n}x_i \tag{1-1-1}$$

是待测量真值 x_0 的最佳估计值.称 $\bar{x}$ 为近似真实值,以后我们将用 $\bar{x}$ 来表示多次

测量的近似真实值.

2. 标准偏差

根据随机误差的高斯理论可以证明，在有限次测量情况下，单次测量值的标准偏差为

$$S_x = \sigma_x = \sqrt{\frac{\sum_{i=1}^{n}(x_i - \bar{x})^2}{n-1}} \quad \text{（贝塞尔公式）} \tag{1-1-2}$$

通常称 $v_i = x_i - \bar{x}$ 为偏差，或残差. S_x 表示测量列的标准偏差，它表征对同一被测量在同一条件下作 n 次（在大学物理实验中，通常取 $5 \leqslant n \leqslant 10$）有限测量时，其结果的分散程度. 其相应的置信概率 $p(S_x)$ 接近于 68.3%. 其意义是 n 次测量中任一次测量值的误差（或偏差）落在 $(-\sigma_x, \sigma_x)$ 区间的可能性约为 68.3%，也就是真值落在 $(x-\sigma_x, x+\sigma_x)$ 范围的概率为 68.3%. 标准偏差 σ_x 小表示测量值密集，即测量的精密度高；标准偏差 σ_x 大表示测量值分散，即测量的精密度低.

3. 算术平均值的标准偏差

当测量次数 n 有限，其算术平均值的标准偏差为

$$\sigma_{\bar{x}} = \frac{\sigma_x}{\sqrt{n}} \sqrt{\frac{\sum_{i=1}^{n}(x_i - \bar{x})^2}{n(n-1)}} \tag{1-1-3}$$

其意义是测量平均值的随机误差在 $(-\sigma_{\bar{x}}, \sigma_{\bar{x}})$ 之间的概率为 68.3%. 或者说，待测量的真值在 $(\bar{x}-\sigma_{\bar{x}}, \bar{x}+\sigma_{\bar{x}})$ 范围内的概率为 68.3%. 因此 $\sigma_{\bar{x}}$ 反映了平均值接近真值的程度.

1-1-6　异常数据的剔除

剔除测量列中异常数据的标准有几种，有 $3\sigma_x$ 准则、肖维准则、格拉布斯准则等.

1. $3\sigma_x$ 准则

统计理论表明，测量值的偏差超过 $3\sigma_x$ 的概率已小于 1%. 因此，可以认为偏差超过 $3\sigma_x$ 的测量值是其他因素或过失造成的，为异常数据，应当剔除. 剔除的方法

是将多次测量所得的一系列数据，算出各测量值的偏差 Δx_i 和标准偏差 σ_x，把其中最大的 Δx_j 与 $3\sigma_x$ 比较，若 $\Delta x_j > 3\sigma_x$，则认为第 j 个测量值是异常数据，舍去不计. 剔除 x_j 后，对余下的各测量值重新计算偏差和标准偏差，并继续审查，直到各个偏差均小于 $3\sigma_x$ 为止.

2. 肖维准则

假定对一物理量重复测量了 n 次，其中某一数据在这 n 次测量中出现的几率不到半次，即小于 $1/(2n)$，则可以肯定这个数据的出现是不合理的，应当予以剔除.

根据肖维准则，应用随机误差的统计理论可以证明，在标准误差为 σ 的测量列中，若某一个测量值的偏差等于或大于误差的极限值 K_σ，则此值应当剔出. 不同测量次数的误差极限值 K_σ 列于表 1-1-1.

表 1-1-1 肖维系数表

n	K_σ	n	K_σ	n	K_σ
4	1.53σ	10	1.96σ	16	2.16σ
5	1.65σ	11	2.00σ	17	2.18σ
6	1.73σ	12	2.04σ	18	2.20σ
7	1.79σ	13	2.07σ	19	2.22σ
8	1.86σ	14	2.10σ	20	2.24σ
9	1.92σ	15	2.13σ	30	2.39σ

3. 格拉布斯准则

按照格拉布斯准则，如已知测量数据个数 n、算术平均值 $\bar{x}$ 及测量值标准偏差 σ_x，则可保留的测量值 x_i 的范围为 $(\bar{x}-g_n\sigma_x, \bar{x}+g_n\sigma_x)$，其中，$g_n$ 是与 n 及置信概率 p 有关的参数，参见表 1-1-2.

表 1-1-2 格拉布斯系数 g_n 的值

n	3	4	5	6	7	8	9	10	15	20
$p=0.95$	1.15	1.46	1.67	1.82	1.94	2.03	2.11	2.18	2.41	2.56
$p=0.99$	1.16	1.47	1.75	1.94	2.10	2.22	2.32	2.41	2.71	2.88

1-2　有效数字及其表示

在实验中我们所测的被测量都是含有误差的数值，对这些数值不能任意取舍，应反映出测量值的准确度．所以在记录数据、计算以及书写测量结果时，究竟应写出几位数字，有严格的要求，要根据测量误差或实验结果的不确定度来定．例如用300 mm长的毫米分度钢尺（实验中给出仪器误差0.3 mm）测量某物体的长度，正确的读法是除了确切地读出钢尺上有刻线的位数之外，还应估计一位，即读到mm．比如，测出某物的长度是15.2 mm，这表明15是确切数字，而最后的2是估计数字．值得注意的是在读取整刻度值时往往只读出了整数值，而忘记读估计的那位“0”．比如，用钢尺测得的物体长度正好是15 mm，应该记录15.0 mm，不应写成15 mm．又如根据长度和直径的测量值用计算器算出圆柱体体积为$V=6\ 158.320\ 1\ \text{mm}^3$，$\Delta V=\pm 4\ \text{mm}^3$．由不确定度为4 mm^3可以看出，第四位数字8已经是不精确的，它后面的四位数字3 201没有意义．因而圆柱体体积的间接测量值应写作$V=6\ 158\pm 4\ \text{mm}^3$．6 158这四位数字前面的三位是准确数字，后面一位是存疑数字．准确数字和存疑数字的全体称为有效数字．上例中15.2 mm为三位有效数字，6 158 mm^3为四位有效数字．

有效数字位数的多少，直接反映实验测量的准确度．有效数字位数越多，测量的准确度就越高．例如，用不同精度的量具测量同一物体的厚d时，用钢尺测量$d=6.2$ mm，仪器误差0.3 mm，用50分度游标卡尺测量$d=6.36$ mm，仪器误差0.02 mm，用螺旋测微计测量$d=6.347$ mm，仪器误差0.004 mm，由此可见，有效数字多一位，相对误差E差不多要小一个数量级．因此取几位有效数字是件严肃的事，不能任意取舍．

写有效数字时应注意的要点：

(1) 有效数字的位数与小数点位置无关，单位的SI词头改变时，有效数字的位数不应发生变化．例如，重力加速度980 cm/s^2，以“m/s^2”表示时记为9.80 m/s^2，与记为9.8 m/s^2是不同的．前者有三位有效数字，而后者只有两位．若写为0.009 80 km/s^2，则数值前面小数点定位所用的“0”不是有效数字，应从非“0”的第一个数起，仍为三位有效数字．

(2) 为表示方便,特别是对较大或较小的数值,常用$\times 10^{\pm n}$的形式(n 为一正整数)书写,这样可避免有效数字写错,也便于识别和记忆,这种表示方法叫科学记数法. 用这种方法记数值时,通常在小数点前只写一位数字,例如地球的平均半径6 371 km可写作 6.371×10^{6} m,表明有四位有效数字.

(3) 表示测量值最后结果的有效数字尾数与不确定度的尾数一般要取齐. 普通物理实验中不确定度一般取一位至两位就可以了. 当不确定度的第一位数比较小时经常取两位. 相对误差一般取两位数. 在计算过程中,对中间运算结果适当多保留几位,以免因过多截取带来附加误差. 对$\sqrt{2}$,π 等值由于它们不是测量值,计算中不考虑其有效数字,或认为其有效数字位数是可任意多的.

(4) 如果在实验中没有进行不确定度的估算,最后结果的有效数字位数的取法如下:一般来说,在连乘除的情况中它跟参与运算的各量中有效数字位数最少的大致相同;在代数和的情况中,则按参与加减的各量的末位数中数量级最大的那一位为结果的末位.

1-3 实验数据处理的基本方法

1-3-1 列表法

用合适的表格将实验数据(包括原始数据与运算数值)记录出来就是列表法. 实验数据既可以是同一个物理量的多次测量值及结果,也可以是相关几个量按一定格式有序排列的对应的数值.

数据列表本身就能直接反映有关量之间的函数关系. 此外,列表法还有一些明显的优点:便于检查测量结果和运算结果是否合理;若列出了计算的中间结果,可以及时发现运算是否有错;便于日后对原始数据与运算进行核查.

数据列表时的要求如下:

(1) 表格力求简单明了,分类清楚,便于显示有关量之间的关系.

(2) 表格中各量应写明单位,单位写在标题栏内,一般不要写在每个数字的后面.

(3) 表格中的数据要正确地表示出被测量的有效数字.

例　测量电阻的伏安特性,记录数据如表 1-3-1.

表 1-3-1　测电阻伏安特性数据记录表

序号	1	2	3	4	5	6	7	8	9	10	11
V(V)	0.0	1.0	2.0	3.0	4.0	5.0	6.0	7.0	8.0	9.0	10.0
I(mA)	0.0	2.0	4.0	6.1	7.9	9.7	11.8	13.8	16.0	17.9	19.9

1-3-2　用作图法处理实验数据

某些实验的观测对象是互相关联的两个(或两个以上)物理量之间的变化关系,实验的任务就是寻求这些物理量互相依存的变化规律.例如,研究单摆周期和摆长的关系,研究金属电阻随温度变化的关系,研究气体压强随温度变化的关系,等等.这一类实验中的观测方法是控制某一个量(例如温度)使之依次取不同的值,从而观测另一个量所取的对应值,得出一列 $x_1, x_2, \cdots, x_n$ 和另一列对应的 $y_1, y_2, \cdots, y_n$ 值.如果将这两组数据记录在合适的表格内,便一目了然,这叫列表法.为了更形象地处理这类实验数据常用作图法,它能直观地揭示出物理量之间的规律,粗略显示对应的函数关系.

为了使图线能清楚地、定量地反映出物理形象的变化规律,并能准确地从图线上确定物理量值或求出有关常数,在作图时必须注意准确度要求,因此必须用坐标纸作图.

作图规则:

(1) 选择合适的坐标分度值.坐标分度值的选取应符合测量值的准确度,即应能反映测量值的有效数字位数.一般以 1 或 2 毫米对应于测量仪表的最小分度值或对应于测量值的次末位数,即倒数第二位数.对应比例的选择应便于读数,不宜选成 1∶1.5 或 1∶3,坐标范围应恰好包括全部测量值,并略有富余.最小坐标值不必都从零开始,以便作出的图线大体上能充满全图,布局美观、合理.

(2) 标明坐标轴.以自变量(即实验中可以准确控制的量,如温度、时间)为横坐标,以因变量为纵坐标.用粗实线在坐标纸上描出坐标轴,在轴上注明物理量名称、符号、单位(要加括号),并按顺序标出标尺整分格上的量值.

(3) 标实验点.实验点可用“+”、“○”、“·”等符号标出.

(4) 连成图线. 因为每一个实验点的误差情况不一定相同,因此不应强求曲线通过每一个实验点而连成折线(仪表的校正曲线不在此例). 应该按实验点的总趋势连成光滑的曲线,要做到图线两侧的实验点与图线的距离最为接近且分布大体均匀. 曲线正穿过实验点时,可以在点处断开.

(5) 写明图线特征. 在图上的空白位置注明实验条件以及从图线上得出的某些参数,如截距、斜率、极大极小值、拐点和渐近线等. 有时需通过计算求某一特征量,图上还须标出被选计算点的坐标及计算结果.

(6) 写图名. 在图纸下方或空白位置标出图线的名称以及某些必要的说明,要使图线尽可能全面反映实验的情况. 最后写上实验者姓名、实验日期,将图纸与实验报告订在一起.

1-3-3 实验数据的直线拟合

作图法虽然在数据处理中是一个很便利的方法,但在图线的绘制上往往会引入附加误差,尤其在根据图线确定常数时,这种误差有时很明显. 为了克服这一缺点,在数理统计中研究了直线拟合问题(或称一元线性回归问题),常用一种以最小二乘法为基础的实验数据处理方法. 由于某些曲线的函数可以通过数学变换改写为直线,例如,函数形式为

$$y=C_1 e^{C_2 x}$$

两边取对数得

$$\ln y=\ln C_1+C_2 x$$

令 $\ln y=z$, $\ln C_1=a$, $C_2=b$,则上式化为

$$z=a+bx$$

这样就将函数关系转化为直线型了. 因此这一方法也适用于某些曲线型的规律.

第2章　力　学　实　验

2-1　基本长度的测量

【实验目的】

(1) 掌握游标卡尺、螺旋测微计和读数显微镜的原理，掌握它们的使用方法；
(2) 练习有效数字运算.

【实验仪器】

游标卡尺(精度值:0.02 mm，量程:125 mm)、螺旋测微计(分度值:0.01 mm，量程:25 mm)、读数显微镜、待测物体(小钢珠、空心圆柱体、发丝).

【实验原理】

长度测量遍及人类活动的所有领域.任何物体都有一定的几何形状，如直线、曲线、平面、球体、圆柱体，等等.对物体一些普通参量的测量就称为长度测量.长度测量涉及的领域十分广泛，既有大尺寸的测量也有小尺寸的测量，大到几十米、几千米，小到几微米、几纳米.

1. 游标卡尺构造及读数原理

游标卡尺是一种比较精密的量具，在测量中用得最多. 通常用来测量精度较高的工件，它可测量工件的外直线尺寸、宽度和高度，有的还可用来测量槽的深度. 如果按游标的刻度值来分，游标卡尺又分 0.1 mm、0.05 mm、0.02 mm 三种.

游标卡尺主要由两部分构成，如图 2-1-1 所示. 在 1 mm 为单位的主尺上附加一个能够滑动的有刻度的小尺(副尺)，叫做游标，利用它可以把主尺估读的那位数值较为准确地读出来.

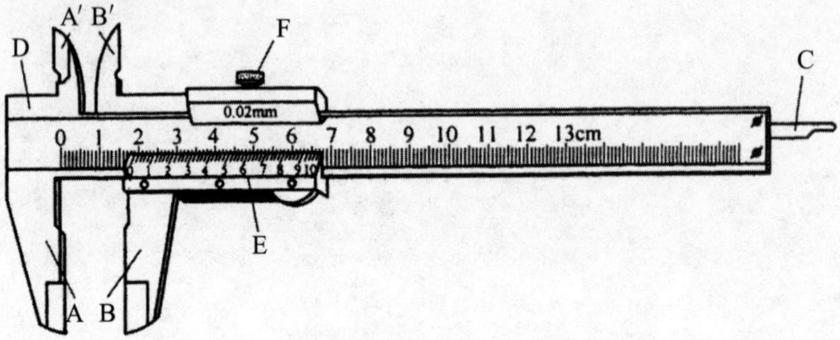

图 2-1-1

游标卡尺在构造上的主要特点是：游标上 N 个分度格的总长度与主尺上 $N-1$ 个分度格的长度相同，若主尺上最小分度为 a，游标上最小分度值为 b，则有

$$Nb=(N-1)a \tag{2-1-1}$$

那么主尺与游标上每个分格的差值(游标的精度值或游标的最小分度值)是

$$\delta=a-b=a-a\,\frac{N-1}{N}=\frac{1}{N}\,a \tag{2-1-2}$$

常用的游标是五十分游标($N=50$)，即主尺上 49 mm 与游标上 50 格相当，如图 2-1-2 所示. 五十分游标的精度值 $\delta=0.02$ mm. 游标上刻有 0,1,2,3,…,9，以便于读数.

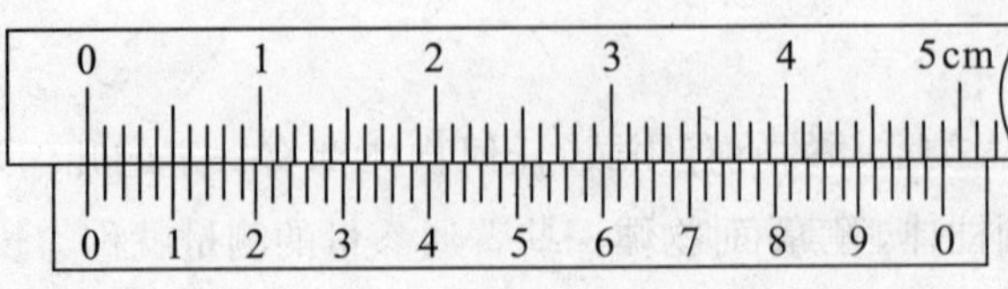

图 2-1-2

如图 2-1-3 所示,副尺 0 线所对主尺前面的刻度为 64 mm,副尺 0 线后的第 13 条线与主尺的一条刻线对齐. 副尺 0 线后的第 13 条线表示

$$0.02\ \text{mm}\times 13=0.26\ \text{mm}$$

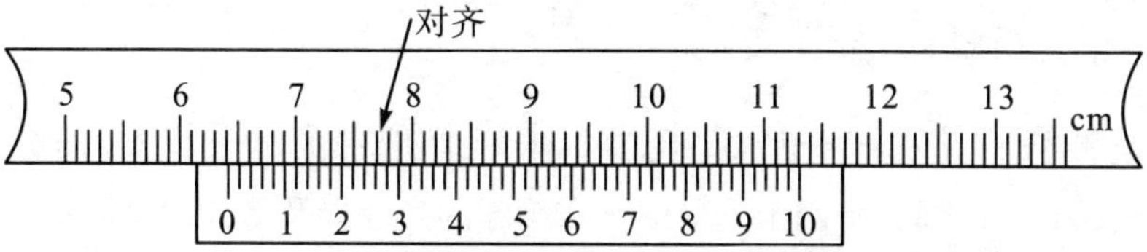

图 2-1-3

所以被测工件的尺寸为

$$64\ \text{mm}+0.26\ \text{mm}=64.26\ \text{mm}$$

在用游标卡尺测量之前,应先把量爪 A、B 合拢,检查游标的"0"刻度线是否与主尺的"0"刻度线重合. 如不重合,应记下零点读数,加以修正,即待测量 $l=l_1-l_0$. 其中,l_1 为未做零点修正前的读数值,l_0 为零点读数. l_0 可以正,也可以负.

使用游标卡尺时,可一手拿物体,另一手持尺,如图 2-1-4 所示. 要特别注意保护量爪不被磨损. 使用时轻轻把物体卡住即可读数.

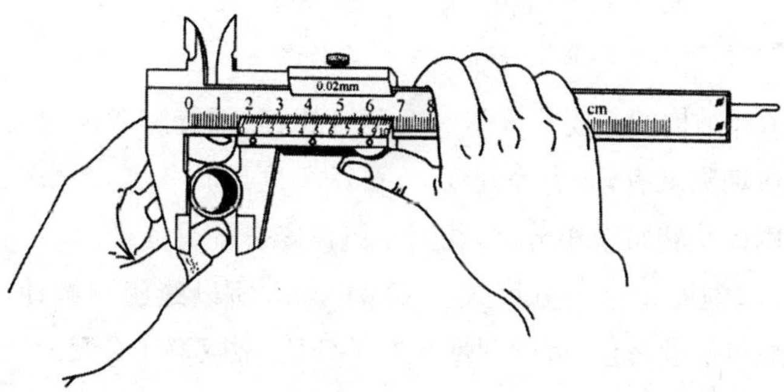

图 2-1-4

游标卡尺是比较精密的量具,使用时应注意如下事项:

(1) 使用前,应先擦干净两卡脚测量面,合拢两卡脚,检查副尺 0 线与主尺 0 线是否对齐,若未对齐,应根据原始误差修正测量读数.

(2) 测量工件时,卡脚测量面必须与工件的表面平行或垂直,不得歪斜. 且用力不能过大,以免卡脚变形或磨损,影响测量精度.

(3) 读数时,视线要垂直于尺面,否则测量值不准确.

(4) 测量内径尺寸时,应轻轻摆动,以便找出最大值.

(5) 游标卡尺用完后,应仔细擦净,抹上防护油,平放在盒内,以防生锈或弯曲.

2. 螺旋测微计(千分尺)

螺旋测微计又称千分尺,是比游标卡尺更精密的测长仪器,准确度可在0.01~0.001 mm之间.常用于测量细丝和小球的直径以及薄片的厚度等.

常见的螺旋测微计如图 2-1-5 所示.它的量程是 25 mm,分度值是 0.01 mm.

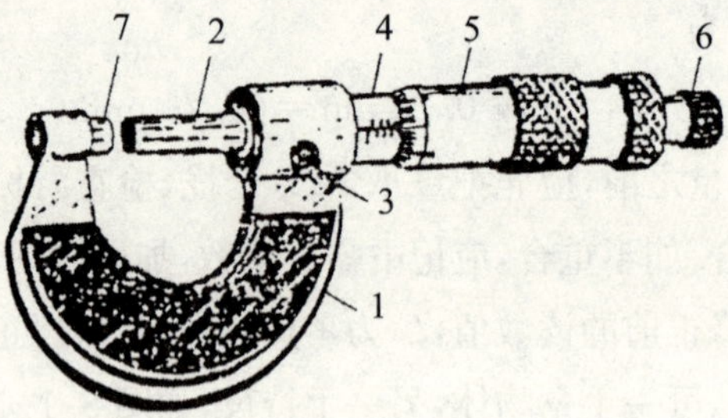

图 2-1-5

1. 尺架; 2. 测微螺杆; 3. 锁紧装置; 4. 固定标尺;
5. 测分筒; 6. 棘轮旋柄; 7. 测砧

螺旋测微计结构的主要部分是一个测微螺杆.螺旋测微计的精密螺纹的螺距是 0.5 mm,可动刻度有 50 个等分刻度,可动刻度旋转一周,测微螺杆可前进或后退 0.5 mm,因此旋转每个小分度,相当于测微螺杆前进或推后 0.5 mm/50=0.01 mm.可见,可动刻度每一小分度表示 0.01 mm,所以螺旋测微计可准确到 0.01 mm.由于还能再估读一位,可读到毫米的千分位,故又名千分尺.

测量物体长度时,应轻轻转动螺旋柄后端的棘轮旋柄,推动螺旋杆,把待测物体刚好夹住时读数,可以从固定标尺上读出整格数(每格 0.5 mm).0.5 mm 以下的读数则由螺旋柄圆周上的刻度读出,估读到 0.001 mm 这一位上.如图 2-1-6(a)和(b)所示,其读数分别为 5.650 mm、5.150 mm.

使用螺旋测微计测量时需注意:

(1)记录零点读数,并对测量数据做零点修正.

(2)记录零点及将待测物体夹紧测量时,应轻轻转动棘轮旋柄推进螺杆,转动小棘轮时,只要听到发出喀喀的声音,即可读数.注意不可用力旋转否则测量不准确.

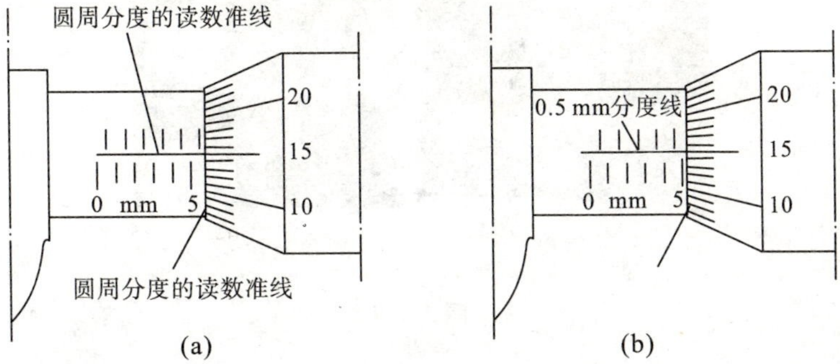

图 2-1-6

3. 读数显微镜

读数显微镜是将显微镜和螺旋测微计结合起来的长度精密测量仪器.测量原理是光学放大和机械放大的结合,如图 2-1-7 所示.

图 2-1-7

活动螺杆和显微镜通过螺旋相互啮合,转动活动螺杆右端的测微鼓轮,就可以使显微镜左右平移.测微鼓轮的螺距为 1 mm,鼓轮边缘上均匀刻有 100 个分度,因此,每转动一个分度,显微镜平移 0.01 mm,即读数显微镜的最小分度值也是0.01 mm,读数时也要往后估读到 0.001 mm.在测量之前,首先要调节目镜,看到清晰的十字叉丝,并且将叉丝调正.然后将待测物体放到载物平台上,并在镜筒的正下方,使被测长度的方向与镜筒平移的方向平行.调节镜筒升降旋钮,使镜筒缓慢的上升或下降,进行调焦,直到看清物体的像,无视差.再转动鼓轮,平移镜筒,当叉丝的竖丝与物像的始端相切时,记下初读数 a,读数方法如图 2-1-8 所示.继续沿同一方向平移镜筒,当竖丝与物像末端相切时,记下读数 b,则两数相减,绝对值即为待测长度.读数时,从固定刻度上读出大于 1 mm 部分,从鼓轮上读数小于1 mm 部分,两部分之和就是 a 或 b 的值.测量时要注意,为了防止回程误差的产生,两次读数必须是向同一个方向平移,一旦移过头,必须多往回退一些距离,再重新沿原方向平移,测量数据.

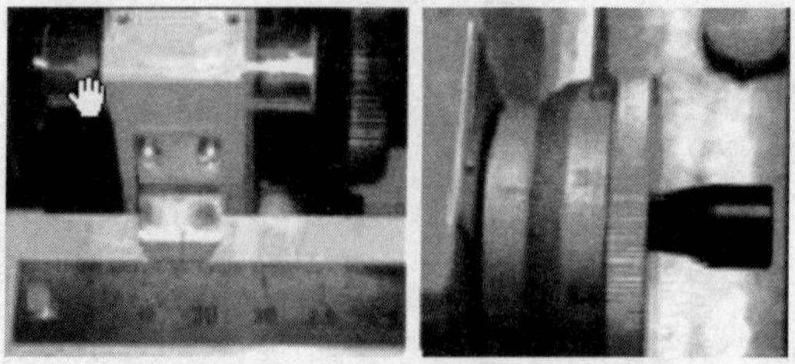

主尺 测微鼓轮

图 2-1-8

【实验内容】

(1) 首先检查螺旋测微计的零点读数,并记录下来.然后用螺旋测微计测量小钢珠直径,不同位置测量 6~8 次,计算体积和不确定度,并写出测量结果.

(2) 用游标卡尺测量空心圆柱体不同部分的外径、内径、高度,各测量 6~8 次.计算空心圆柱体的体积及不确定度,并写出测量结果.

(3) 首先将读数显微镜的叉丝调节清楚.将头发丝理直,放到读数显微镜的载物台上,使头发丝与镜筒平移方向垂直,再将发丝调节清楚.转动鼓轮,平移镜筒,测量发丝的直径,在三个不同的部位测量 6 次,取平均值.

【数据处理】

(1) 用千分尺测小钢球直径.

根据测量原始数据,得出小钢珠直径测量值,数据填入表 2-1-1 中(零点读数 $D_0=$______ mm).

表 2-1-1

测量次数	1	2	3	4	5	6	7
D_i(mm)							

(2) 用游标卡尺测量空心圆柱体的体积.

根据测量原始数据记录,整理数据填入表 2-1-2 中.

表 2-1-2

测量次数	外直径 D(mm)	内直径 d(mm)	高 H(mm)
1			
2			
3			
4			
5			
6			
平均			

(3) 用读数显微镜测量头发丝的直径.

根据测量原始数据,得出头发丝直径测量值,数值填入表 2-1-3 中.

表 2-1-3

测量次数	1	2	3	4	5	6
d_i(mm)						

【思考题】

(1) 在长度的基本测量中,对读数位的取法有何要求?

(2) 游标卡尺和千分尺是用什么方法来提高仪器精度的?

(3) 使用完千分尺以后存放时,是否需要将测微螺杆留有间隙?为什么?

(4) 欲测一个约为 1 mm 微小长度,若用米尺、游标卡尺、千分尺测量,可分别读出几位有效数字?

(5) 使用游标卡尺时,如何处理其零差?

2-2 流体静力称衡法测不规则固体的密度

【实验目的】

(1) 学会物理天平的正确使用;
(2) 用流体静力称衡法测定固体的密度.

【实验仪器】

物理天平(附砝码)、烧杯、不规则形状金属物体、纯水、温度计.

【实验原理】

密度是反映物质特性的物理量,它只与物质的种类有关,与质量、体积等因素无关,不同的物质,密度一般是不相同的,同种物质的密度则是相同的.密度测量不仅在物理、化学研究中是重要的,而且在石油、化工、采矿、冶金及材料工程中都有重要意义.测量物体密度的方法,可归纳为源于密度定义的直接测量法以及利用密度与某些物理量之间特定关系的间接测量法.直接测量法又分为绝对测量法和相对测量法两大类.绝对测量法是通过对基本量(质量和长度)的测定,来确定物体的密度,利用这种方法时,必须把物质加工成线性尺寸确定的形状,如立方体、圆柱体、球体等.相对测量法是通过与已知密度的标准物质相比较,来确定物质的密度.如流体静力称衡法、比重瓶法、浮子法和悬浮法等.

按密度定义

$$\rho=\frac{m}{V} \tag{2-2-1}$$

测出物体质量 m 和体积 V 后,可直接测得物体的密度 ρ.

我们的实验是用直接测量法,测量待测固体的密度.对于形状规则的固体,分别用天平和长度测量工具测出固体的质量和体积,从而测量出其密度;对于形状不规则的固体，根据阿基米德原理，利用已知密度的水，只使用天平测量其密度，这被称为流体静力称衡法测固体的密度.

这一方法的基本原理是阿基米德原理(如图 2-2-1). 物体在液体中所受的浮力等于它所排开液体的重量. 在不考虑空气浮力的条件下，物体在空气中重为 $W=mg$，它浸没在液体中的视重 $W_1=m_1g$. 那么，物体受到的浮力为

$$F=W-W_1=(m-m_1)g \tag{2-2-2}$$

m 和 m_1 是该物体在空气中及完全浸没液体称量时相应的重量. 又物体所受浮力等于所排液体重量，即

$$F=\rho_0 Vg \tag{2-2-3}$$

式中，ρ_0 是液体的密度；V 是排开液体的体积，亦为物体的体积；g 为重力加速度. 由式(2-2-1)，(2-2-2)，(2-2-3)可得待测固体的密度

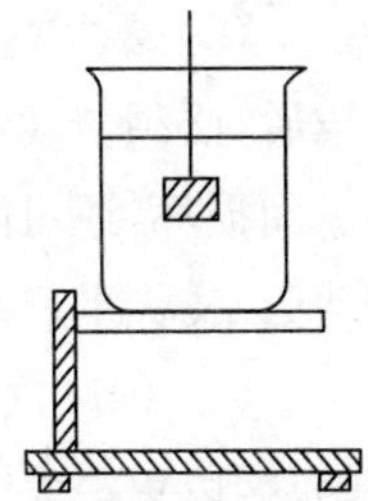

图 2-2-1

$$\rho=\frac{m}{m-m_1}\rho_0 \tag{2-2-4}$$

用这种方法测密度，避开了不易测量的不规则体积 V，转换成只须测量较易测量的重量. 一般实验时，液体常用水，ρ_0 为水的密度.

【实验内容】

1. 按天平的调节要求，调好天平

(1) 底板的水平调节.

(2) 横梁的水平调节.

2. 测量不规则金属物体的密度 ρ

(1) 将细绳拴好金属块放在天平左盘上，称出此时质量 m.

(2) 把盛有大半杯水的烧杯放在天平左边的托架上，将拴好金属块的细绳挂在天平左盘的吊钩上，调整烧杯位置，使金属块浸没在水中，称出此时质量 m_1(不要让所称物体接触烧杯).

(3) 按照(2-2-4)式计算出金属密度.

【注意事项】

1. 物理天平在使用中的注意事项

(1) 启动、止动天平时动作要轻.

(2) 要"常止动". 即取放物体、加减砝码、拨动游码、调节平衡螺母前及使用完毕后,必须转动制动旋钮,止动天平,使横梁静放在制动架上,这样可避免刀口受冲击而损坏,还可防止刀口离开刀口垫使横梁掉下,只有在判断天平是否平衡时才启动天平. 天平启动或止动时,旋转制动旋钮动作要轻.

(3) 加减砝码必须使用镊子,严禁用手,从秤盘中取下砝码后,应立即放入砝码盒,以免丢失或弄脏.

(4) 每台天平的左右秤盘、秤盘挂钩等部件,不能左右调换,更不能与其他天平上的部件互换.

2. 用流体静力称衡法测物体块密度时的注意事项

(1)在空气中称量物体块质量时,要使物体块保持洁净、干燥.

(2)用细绳拴住物体块时,最好为活套,这样可方便调整物体块与烧杯的间距,以利于后面的称衡.

【思考题】

(1) 用天平测量物体重量的误差可能来自哪些因素?

(2) 用流体静力称衡法确定固体的体积,对物体的形状有限制吗?

(3) 悬挂物体时使用尼龙线和棉线,哪个效果好?

(4) 使用托盘天平,如果在调节横梁平衡时,忘记将游码拨到标尺左端的"0"刻度线上,使用它来测量物体的质量时,测量值比真实值偏大,为什么?

(5) 使用物理天平称衡物体时,能不能把物体放在右盘而把砝码放在左盘?

【附录】 物理天平的使用方法

物理天平是常用的测量物体质量的仪器,其构造如图 2-2-2 所示. 天平的横梁上装有三个刀口,中间刀口置于支柱顶端的刀垫上,两侧刀口各悬挂一个秤盘.横梁下面固定一个指针,当横梁摆动时,指针尖端在支柱下方读数标牌前摆动.制动旋钮(又称开关旋钮)可以使横梁上升或下降,横梁下降时,制动架就会把它托住,以避免磨损刀口.横梁两端的两个平衡调节螺母是在天平空载时调平衡用的.横梁上装有游码,用于 1 g 以下的称衡.支柱左边的托架可以托住不被称衡的物体.

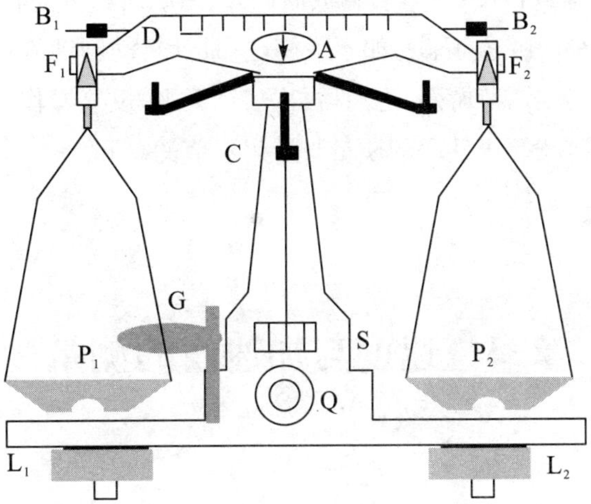

图 2-2-2　物理天平

1. 物理天平的两个主要技术参数

(1)称量(最大负载).称量是指允许称衡的最大质量.

(2)感量或灵敏度.感量是指天平平衡时,为使指针从平衡位置偏转标牌上的一个分度,而在天平称盘中需加的最小质量.感量的倒数称为天平的灵敏度.

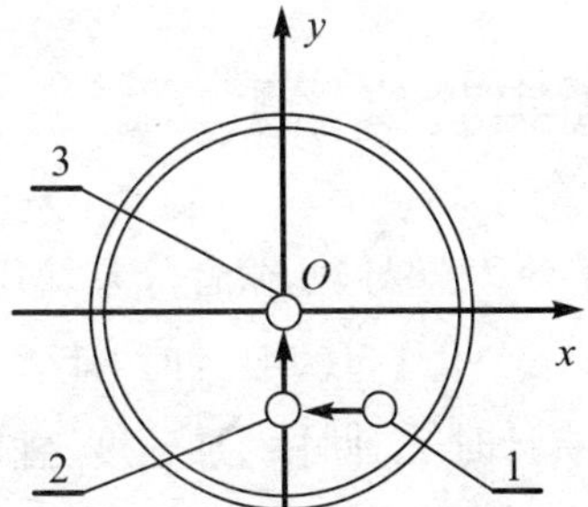

图 2-2-3

2. 物理天平的操作步骤

(1) 调节水平.调节调平螺钉(左右各有一个),使水准仪中的气泡处于水准仪的中央,具体调节方法是:旋转调平螺钉的任何一个,先使水准仪的气泡对 x 轴的坐标为零(如图 2-2-3 中,气泡从位置 1→位置 2),然后同时调节两个调平螺钉,使气泡对 y 轴的坐标也为零(如图 2-2-3 中,气泡从位置 2→位置 3).

(2) 调零点. 先把游码拨到横梁标尺的左端,与零刻线对齐. 轻轻顺时针旋转制动旋钮,使横梁离开制动架而升起(即启动天平). 指针若在读数标牌的中线上,或指针在中线左右摆动时摆幅近似相等且在减小,即天平平衡. 若指针不在中线,应逆时针旋转制动旋钮,使横梁落在制动架上(即止动天平),调节平衡螺母,然后再次启动天平. 依照上述方法多次调整,直至平衡.

(3) 称衡. 左盘放被测物体,右盘放砝码,之后顺时针方向轻轻转动制动旋钮,启动天平,观察天平向哪边倾斜. 如不平衡,逆时针转动制动旋钮,止动天平,根据倾斜情况,增减砝码或调节游码. 之后,再次启动天平,反复操作,直到天平平衡. 这时被称物体的质量,就等于砝码的质量与游码示值的总和.

2-3 速度与加速度的测量

【实验目的】

(1) 掌握滑块瞬时速度和加速度的测量;

(2) 学会使用气垫导轨和存储式数字毫秒计.

【实验仪器】

气垫导轨,微音气泵,MUJ-5C/5B 计时、计数、测速仪,垫片.

MUJ-5C/5B 计时、计数、测速仪以单片微机为核心,配有合理的控制程序,具有计时 1、计时 2、加速度、碰撞、重力加速度、周期、计数、信号源等功能选项. 它能与气垫导轨、自由落体仪等多种一起配合使用.

1. 技术参数

(1) 显示方式:5 位 0.56″/0.8″高亮度 LED 数码管.

(2) 时基频率:2 MHz±50 Hz.

(3) 计时范围:0～999.99 s.

(4) 测速范围:0.1 ～1 000.0 cm/s.

(5) 信号源输出:0.1 ms、1 ms、10 ms、100 ms、1 000 ms.

(6) 计数范围:0～99 999.

(7) 光电输出:双路、4 门.

(8) 电源电压:220 V±10%AC.

2. 使用说明

(1) 计时 1(s_1)

测量对任一光电门的挡光时间,可连续测量.自动存入前 20 个数据,按下取数键可查看.

(2) 计时 2(s_2)

测量光电门两次挡光的间隔时间,可连续测量.自动存入前 20 个数据,按下取数键可查看.

(3) 加速度(a)

测量带凹形挡光片的滑行器,通过两个光电门的速度及通过两光电门这段路程的时间,可接入 2～4 个光电门.

本机会循环显示下列数据:

1	(第一个光电门)
×××××	(第一个光电门测量值)
2	(第二个光电门)
×××××	(第二个光电门测量值)
1～2	(第一至第二光电门)
×××××	(第一至第二光电门测量值)

注　如接入 4 个光电门,将继续显示第 3 个光电门、第 4 个光电门及 2～3、3～4 段的测量值.

只有再按功能键"0",方可进行新的测量.

(4) 碰撞(Pzh):等质量、不等质量的碰撞

在 P_1、P_2 口各接一只光电门,两只滑行器上装好相同宽度的凹行挡光片和碰撞弹簧,让滑行器从气轨两端向中间运动,各自通过一个光电门后相撞.

做完实验,会循环显示下列数据:

$P_{1.1}$　　　　（P_1 口光电门第一次通过）
××××× 　　　　（P_1 口光电门第一次测量值）
$P_{1.2}$　　　　（P_1 口光电门第二次通过）
××××× 　　　　（P_1 口光电门第二次测量值）
$P_{2.1}$　　　　（P_2 口光电门第一次通过）
××××× 　　　　（P_2 口光电门第一次测量值）
$P_{2.2}$　　　　（P_2 口光电门第二次通过）
××××× 　　　　（P_2 口光电门第二次测量值）

如滑块 3 次通过 P_1 口光电门，一次通过 P_2 口光电门，本机不显示 $P_{2.2}$ 而显示 $P_{1.3}$，表示 P_1 口光电门第三次遮光.

如滑块 3 次通过 P_2 口光电门，一次通过 P_1 口光电门，本机将不显示 $P_{1.2}$ 而显示 $P_{2.3}$，表示 P_2 口光电门第三次遮光.

只有再按功能键清“0”，才能进行下一次测量.

(5) 重力加速度(g)

将电磁铁插入 P_1 光电门插口，两个光电门插入 P_2 光电门插口，电磁铁开关键上方发光管亮时，吸上小钢球；按电磁铁开关键，小钢球下落（同步计时），到小钢球前沿遮住光电门（记录时间），显示：

1　　　　　　（第一个光电门）
××××× 　　　（t_1 值）
2　　　　　　（第二个光电门）
××××× 　　　（t_2 值）

因为

$$h_1=\frac{gt_1^2}{2},\quad h_2=\frac{gt_2^2}{2}$$

所以

$$g=\frac{2(h_2-h_1)}{t_2^2-t_1^2}$$

其中，h_2-h_1 为两光电门之间距离，按功能键或按电磁铁开关键，仪器可自动清“0”，电磁铁吸合.

重力加速度的测量方法，还可用计时 2(s_2)功能测量.

(6) 周期(T)

测量单摆振子或弹簧振子 1～9 999 周期的时间. 可选用以下两种方法.

不设定周期数:在周期数显示为 0 时,每完成一个周期,显示周期数会加 1. 按下转换键即停止测量. 显示最后一个周期数约 1 秒后,显示累计时间值. 按取数键,可提取单个周期的时间值.

设定周期数:按下转换键不放,确认您所需周期数时放开此键即可(只能设定 100 以内的周期数). 每完成一个周期,显示周期数会自动减 1,当最后一次遮光完成,显示累计时间值.

按取数键可显示本次实验(最多前 20 个周期)每个周期的测量值,如显示 E2(表示第二个周期),×××××(第二个周期的时间),……

待运动平稳后,按功能键,即可重新开始测量.

(7) 计数(J)

测量光电门的遮光次数.

(8) 信号源(XH)

将信号源输出插头,插入信号源输出插口,可在插口上测量本机输出时间间隔为 0.1ms,1 ms,10 ms,100 ms,1 000 ms 的电信号,按转换键可改变电信号的频率.

如果测试信号误差较大,请检查本仪器地线与测试仪器地线是否相连接.

【实验原理】

针对测量滑块瞬时速度和加速度的公式如下:

1. 测量滑块运动的瞬时速度 v

物体做直线运动时,其瞬时速度定义为

$$v=\lim_{\Delta t\to 0}\frac{\Delta S}{\Delta t}=\frac{\mathrm{d}S}{\mathrm{d}t}$$

根据这个定义瞬时速度实际上是不可能测量的. 因为当 $\Delta t\to 0$ 时,同时有 $\Delta S\to 0$,测量上有具体困难. 我们只能取很小的 Δt 及相应的 ΔS,用其平均速度来代替瞬时速度 v,即

$$v=\frac{\Delta S}{\Delta t}$$

尽管用平均速度代替瞬时速度会产生一定的误差,但只要物体运动速度较大而加速度很小,这种误差不会太大.

2. 测量滑块运动的加速度 a

如图 2-3-1 所示，如果将气垫导轨一段垫高，形成斜面，滑块下滑时将做匀变速直线运动，有三个基本运动公式

$$v_1-v_0=a(t_1-t_0)$$

$$v_1^2-v_0^2=2a(S_1-S_0)$$

$$S_1-S_0=v_0(t_1-t_0)+\frac{1}{2}a(t_1-t_0)^2$$

式中，S_0 和 S_1 以及 v_0 和 v_1 分别为 t_0 和 t_1 时刻滑块的位置坐标和相应的瞬时速度.

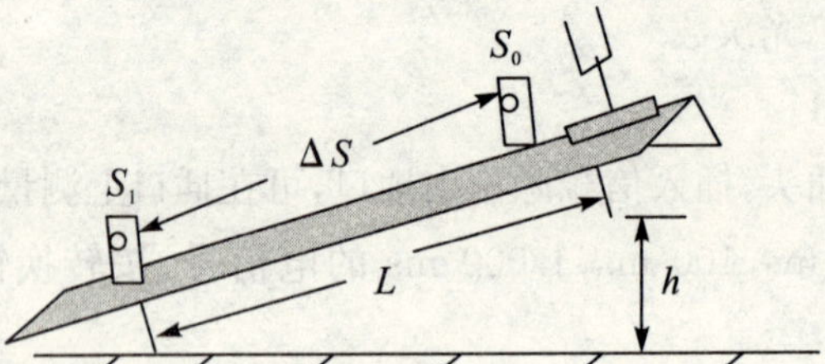

图 2-3-1

在实验中使用的毫秒计只能从 $t_0=0$ 开始计时，所以运动方程变为

$$v_1-v_0=at$$

$$v_1^2-v_0^2=2a(S_1-S_0)=2a\Delta S$$

$$\Delta S=v_0t+\frac{1}{2}at^2$$

此时 t 为滑块从 S_0 处到 S_1 处的运动时间，$S=S-S_0$ 为两光电门之间的距离. 而加速度的理论值为

$$a_0=g\sin\theta$$

这里，θ 为导轨的倾斜角，由图 2-3-1 可得

$$a_0=g\frac{h}{L}$$

实验时，使滑块由导轨的上端静止自由下滑，即可测得不同位置处各自的相应的速度与加速度值.

【实验内容及步骤】

1. 检查光电门

通过检查光电门，使存储式数字毫秒计处于正常的工作状态，给气垫导轨通气.

2. 观察匀速直线运动——测量速度

轻轻推动滑块，观察滑块在气垫导轨上的运动，包括与气垫导轨两端缓冲弹簧的碰撞情况. 分别记下滑块经过两个光电门时的速度 v_1 和 v_2，试比较 v_1 和 v_2 的数值，若 v_1 和 v_2 之间的差别小于 v_1（或 v_2）的 1%时，则导轨接近水平，此时可近似认为滑块做匀速直线运动；若 v_1 和 v_2 相差较大，可通过调节气垫导轨底座螺钉使气垫导轨水平.

3. 测量滑块在倾斜导轨上做匀加速直线运动时任一位置处的瞬时速度 v

(1) 在倾斜导轨上任一位置处放置一光电门.

(2) 使滑块从导轨最高处静止自由下滑，由存储式数字毫秒计测出滑块经过光电门的速度，至少反复 5 次，取平均值，将数据填入表 2-3-1 中.

(3)改变滑块的位置，再自由释放，然后重复步骤(2).

4. 加速度的测量

(1) 在倾斜气垫导轨上任意两个位置放置两个光电门.

(2) 在气垫导轨的单底座垫上不同数量的 1 cm 高度的垫片，使滑块从导轨最高处静止自由下滑，由存储式数字毫秒计测出在两个光电门之间经过时的加速度 a，至少重复 5 次，取平均值. 且算出加速度的理论值 a_0.

(3) 改变滑块位置，再自由释放，然后重复步骤(2)将数据填入表 2-3-2 中.

【数据记录及处理】

由 MUJ-5C/5B 计时、计数、测速仪测得的数据填入表 2-3-1、表 2-3-2 中.

表 2-3-1

速度 / 滑块位置	v					平均速度
	1	2	3	4	5	$\bar{v}$
Ⅰ						
Ⅱ						
Ⅲ						

表 2-3-2

加速度 / 滑块位置	a					平均加速度 $\bar{a}$	加速度理论值 a_0
	1	2	3	4	5		
Ⅰ							
Ⅱ							
Ⅲ							

【注意事项】

(1) 气垫导轨是较精密的设备，严禁碰撞、磨损导轨表面，在没通气的情况下，不能在导轨上推动滑块.

(2) 实验时，要特别注意，不要使滑块、遮光片碰坏光电门，应先用手试推滑块，看是否与光电门相撞，调好后方进行实验.

(3) 滑块的内表面光洁度高，应严防划伤碰坏，滑块运动速度不应太大，以免与气垫导轨两端碰撞而跌落使之受损. 装取遮光片或砝码，应将滑块从气垫导轨上取下操作，待固定好再把滑块放到导轨上.

(4) 实验前应仔细检查导轨表面上每一个小孔是否畅通无阻，如果发现堵塞，应先用细针仔细清通.

(5) 试验中不需要通气时应关闭气源，以免使用时间过长而烧坏电机. 若送气时听见气源电机有异常声响，应立即关闭气源.

【思考题】

(1) 若改变本实验的某一个条件(如改变下滑初速度、滑块上附上重物、改变导轨的倾斜度)在不考虑阻力和考虑阻力的两种情况,会对实验结果产生什么样的影响?

(2) 一般情况下实验值加速度和理论值加速度哪个大些?

(3) 分析本实验产生误差的各种原因?

2-4 动量和能量守恒定律的应用

【实验目的】

(1) 在弹性碰撞和完全非弹性碰撞的两种情况下,验证动量守恒定律;

(2) 通过测定系统内各物体在运动过程中动能和势能的增减,验证系统的机械能守恒;

(3) 熟悉使用气垫导轨和数字毫秒计.

【实验仪器】

气垫导轨、滑块、垫块、气源、存储式数字毫秒计、砝码、砝码盘、细线.

【实验原理】

1. 动量守恒

如果系统不受外力或所受外力的矢量和为零,则系统的总动量保持不变.这一结论称为动量守恒定律,本实验研究两个滑块在水平气垫上沿直线发生对心碰撞的情况,由于气垫导轨的漂浮作用,滑块受到的摩擦阻力可忽略不计.这样,当发生碰撞时,系统(即两个滑块)仅受内力的相互作用,而在水平方向上不受外力,系统的动量守恒.

设两个滑块的质量分别为m_1和m_2,它们碰撞前的速度为V_{10}和V_{20},碰撞后的速度为V_1和V_2,则按动量守恒定律有

$$m_1V_{10}+m_2V_{20}=m_1V_1+m_2V_2 \tag{2-4-1}$$

下面分弹性碰撞和完全非弹性碰撞两种情况进行讨论.

(1) 弹性碰撞

两个物体相互碰撞,在碰撞前后物体的动能没有损失,这种碰撞称为弹性碰撞,用公式表示为

$$\frac{1}{2}m_1V_{10}^2+\frac{1}{2}m_2V_{20}^2=\frac{1}{2}m_1V_1^2+\frac{1}{2}m_2V_2^2 \tag{2-4-2}$$

① 若两个滑块质量相等,即$m_1=m_2$,且$V_{20}=0$,由公式(2-4-1)和(2-4-2),得到$V_1=0,V_2=V_{10}$,即两个滑块交换速度.

② 若两个滑块的质量不相等,仍令$V_{20}=0$,由公式(2-4-1)得:$m_1V_{10}=m_1V_1+m_2V_2$.

(2) 完全非弹性碰撞

如果两个滑块碰撞后不再分开,以同一速度运动,我们把这种碰撞称为完全非弹性碰撞,其特点是碰撞前后系统动量守恒,但动能不守恒.

在这种碰撞中,由于$V_1=V_2=V$,由公式(2-4-1)可得

$$m_1V_{10}+m_2V_{20}=(m_1+m_2)V \tag{2-4-3}$$

解得$V=\dfrac{m_1V_{10}+m_2V_{20}}{m_1+m_2}$.故当$V_{20}=0$,且$m_1=m_2$时,有$V=\dfrac{1}{2}V_{10}$.

2. 机械能守恒

在外力不做功、内力只是保守力(例如重力、弹性力等)的条件下,一个系统的动能和势能可以相互转化,但其总和保持不变,这个结论简称为机械能守恒定律.

如图2-4-1所示,调节气垫导轨使其与水平面的夹角为α后,再把质量为m的砝码用细绳跨过气垫导轨滑轮m_e(m_e为滑轮折合质量)与质量为M的滑块相连接.我们把滑块、砝码、气垫导轨滑轮和地球作为一个系统,由于采用了气垫导轨和气垫导轨滑轮,几乎消除了耗散机械能的摩擦力,这样,系统不仅不受外力,而内力又

只是重力. 所以系统内各物体的动能和势能虽然可以相互转化,但它们的总和保持不变.

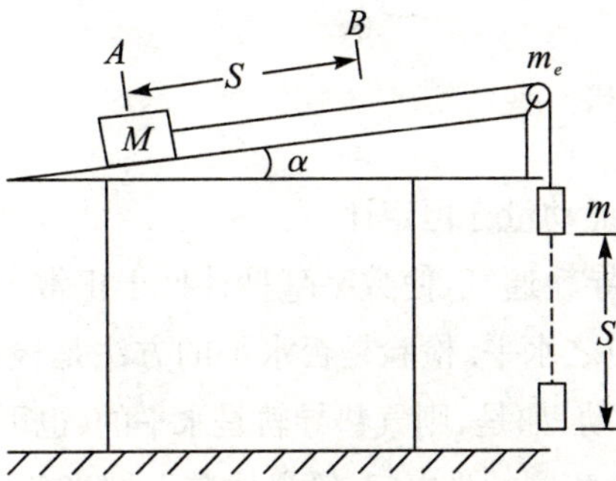

图 2-4-1 能量守恒验证系统

我们考察滑块 M 在气轨上从 A 点运动到 B 点的过程. 设 A、B 两点距离为 S,显然这时滑块上升的高度为 $S\sin\alpha$,砝码下落的距离为 S. 结果整个系统的势能发生了变化. 砝码 m 下落 S 后,其势能减少为 $\Delta E_{pm}=mgS$,它的一部分转化为自身动能的增加 $\Delta E_{km}=\frac{1}{2}mv_2^2-\frac{1}{2}mv_1^2$,其中,$v_1$ 和 v_2 分别为砝码 m 下落距离 S 前、后的速度. 另一部分转化为滑块势能的增加 $\Delta E_{pM}=MgS\sin\alpha$ 和滑块动能的增加 $\Delta E_{kM}=\frac{1}{2}Mv_2^2-\frac{1}{2}Mv_1^2$. 实验中使用了气垫导轨滑轮,还需要考虑由它的转动所引起的转动动能的变化. 令 E_{ke} 为转动动能的变化量,则有 $\Delta E_{ke}=\frac{1}{2}m_ev_2^2-\frac{1}{2}m_ev_1^2$. 根据机械能守恒定律,则

$$\Delta E_{pm}=\Delta E_{km}+\Delta E_{pM}+\Delta E_{kM}+\Delta E_{ke}$$

即

$$mgS=\frac{1}{2}(m+M+m_e)v_2^2-\frac{1}{2}(m+M+m_e)v_1^2+MgS\sin\alpha \tag{2-4-4}$$

当导轨呈水平状态时,$\alpha=0$,则上式变为

$$mgS=\frac{1}{2}(m+M+m_e)v_2^2-\frac{1}{2}(m+M+m_e)v_1^2 \tag{2-4-5}$$

所以,只要测出滑块、砝码的质量(滑轮的折合质量 m_e 已事先给出),以及滑块在各种运动状态下的速度,即可对上述二定律进行验证.

【实验内容与步骤】

1. 验证动量守恒定律

(1) 弹性碰撞下验证动量守恒定律

① 实验前,将气垫导轨通气,使数字毫秒计处于正常工作状态.

② 调节气垫导轨使之水平.检验是否水平的方法是检查滑块是否在气垫导轨上任一位置都能静止不动,如是,则气垫导轨是水平的(也可在气垫导轨上相隔约在50～60 cm的两处放两个相同的光电门,给滑块装上挡光条,看滑块自由运动经过两光电门的时间差别是否满足小于1%的条件,如满足,则说明滑块做匀速运动.).

③ 在质量相等($m_1=m_2$)的两滑块上,分别装上挡光条及弹簧发条.

④ 将一滑块(例如m_2)置于两个光电门中间,并令它静止($V_{20}=0$),将另一滑块m_1放在气垫的另一端,将它推向m_2,记下滑块m_1通过光电门Ⅰ的速度V_{10}.

⑤ 两滑块相碰撞后,滑块m_1静止,而滑块m_2以速度V_2向前运动,记下m_2经过光电门Ⅱ的速度V_2.

⑥ 重复上述步骤③、④、⑤数次,将所测数据填入表2-4-1.

⑦ 在滑块m_1上加两个砝码,这时m_1大于m_2,重复步骤4数次,记下滑块m_1在碰撞前经过光电门Ⅰ的速度V_{10},及碰撞后m_2和m_1经过光电门Ⅱ的速度V_2和V_1,将所测数据填入表2-4-1,验证弹性碰撞前后的动量是否守恒.

(2) 完全非弹性碰撞下验证动量守恒定律

① 重复弹性碰撞下的实验步骤①、②.

② 在质量m_1、m_2的两滑块上,分别装上挡光条及尼龙搭扣,同时记下两滑块的质量.

③ 将滑块m_2以较慢的速度V_{20}通过光电门Ⅰ,然后使滑块m_1以较快的速度V_{10}通过光电门与滑块m_2相碰撞,碰撞后两滑块粘在一起以共同的速度V通过光电门Ⅱ,分别记下V_{10}、V_{20}、V.

④ 重复上述步骤③数次,将所测数据填入表2-4-1中,验证完全非弹性碰撞前后的动量是否守恒.

2. 验证机械能守恒定律

(1) 在调平气垫导轨后,将滑块放在气垫导轨的一端,然后从滑块引出细线跨过气垫导轨滑轮与砝码盘连起来. 调节两个光电门的间距 s,使之为所选取数值. 例如,取 $s=60.0$ cm.

(2) 在砝码盘内加适当的砝码,使滑块从静止开始,沿水平气垫导轨做匀加速运动. 记下滑块 M 经过两个光电门的瞬时速度 V_1 和 V_2,重复数次. 做表格记录数据,算出每次的结果,由式(2-4-5)验证机械能是否守恒.

(3) 参照本实验中实验原理的机械能守恒定律的验证部分所提供的实验原理图安置仪器. 为了使气垫导轨与水平方向的夹角为 α,可在气垫导垫靠近滑轮一端的底丝下放上垫块(如 10 mm 或 20 mm 厚的垫块). 在砝码盘内适当增加砝码,使滑块 M 由静止开始运动,自制表格记下滑块经过两个光电门的速度 V_1 和 V_2,重复数次,算出每次的结果,由式(2-4-4)验证机械能是否守恒.

【数据记录及处理】

表 2-4-1 系统不受外力或所受外力的矢量和为零时,验证碰撞前后的动量是否守恒数据表

<table>
<tr><td></td><td colspan="6">弹性碰撞</td><td colspan="3">完全非弹性碰撞</td></tr>
<tr><td>滑块质量</td><td colspan="3">$m_1=m_2=$______kg</td><td colspan="3">$m_1\neq m_2$
$m_1=$______kg
$m_2=$______kg</td><td colspan="3">$m_1=$______kg
$m_2=$______kg</td></tr>
<tr><td>实验次数</td><td>1</td><td>2</td><td>3</td><td>1</td><td>2</td><td>3</td><td>1</td><td>2</td><td>3</td></tr>
<tr><td>V_{10}(m/s)</td><td></td><td></td><td></td><td></td><td></td><td></td><td></td><td></td><td></td></tr>
<tr><td>V_{20}(m/s)</td><td></td><td></td><td></td><td></td><td></td><td></td><td></td><td></td><td></td></tr>
<tr><td>V_1(m/s)</td><td></td><td></td><td></td><td></td><td></td><td></td><td></td><td></td><td></td></tr>
<tr><td>V_2(m/s)</td><td></td><td></td><td></td><td></td><td></td><td></td><td></td><td></td><td></td></tr>
<tr><td>$P_1=m_1V_{10}+m_2V_{20}$</td><td></td><td></td><td></td><td></td><td></td><td></td><td></td><td></td><td></td></tr>
<tr><td>$P_2=m_1V_1+m_2V_2$</td><td></td><td></td><td></td><td></td><td></td><td></td><td></td><td></td><td></td></tr>
<tr><td>$\Delta P=P_2-P_1$</td><td></td><td></td><td></td><td></td><td></td><td></td><td></td><td></td><td></td></tr>
</table>

【思考题】

(1) 若实验结果表明,两滑块在碰撞前后总动量有差别,试分析其原因.

(2) 从两滑块在弹性碰撞实验数据中取出一组,验证碰撞前后机械能是否守恒,并分析之.

(3) 实验前为什么应将气垫导轨调至水平?

(4) 如果气垫导轨不是水平的,如何将其调节到水平?

(5) 存储式数字毫秒计显示的时间对应的是时刻还是时间段?

2-5 扭摆法测定物体转动惯量

【实验目的】

(1) 熟悉扭摆的构造、使用方法,以及转动惯量测试仪的使用方法;

(2) 学会用扭摆测定几种不同形状物体的转动惯量和弹簧的扭转常数,并与理论值进行比较.

【实验仪器】

转动惯量测试仪、电子天平、托盘天平、米尺、游标卡尺、金属载物盘、塑料圆柱、金属圆筒、塑料球、金属细杆等.

【实验原理】

转动惯量是表征转动物体惯性大小的物理量,是研究、设计、控制转动物体运动规律的重要工程技术参数.如钟表摆轮、精密电表动圈的体形设计、枪炮的弹丸、电机的转子、机器零件、导弹和卫星的发射等,都不能忽视转动惯量的大小.因此测定物体的转动惯量具有重要的实际意义.刚体的转动惯量与刚体的质量分布、形状和转轴的位置都有关系.对于形状较简单的刚体,可以通过计算求出它绕定轴的转动惯量,但形状较复杂的刚体计算起来非常困难,通常采用实验方法来测定.

转动惯量的测量,一般都是使刚体以一定形式运动,通过表征这种运动特征的物理量与转动惯量的关系,进行转换测量.本实验使物体做扭转摆动,通过摆动周期及其他参数的测定计算出物体的转动惯量.

扭摆的构造如图 2-5-1 所示,在垂直轴 1 上装有一根薄片状的螺旋弹簧 2,用以产生恢复力矩.在轴的上方可以装上各种待测物体.垂直轴与支座间装有轴承,用来降低摩擦力矩,3 为水平仪,用来调整系统平衡.

将物体在水平面内转过一个角度 θ 后,在弹簧的恢复力矩作用下,物体就开始绕垂直轴作往返扭转运动.根据胡克定律,弹簧受扭转而产生的恢复力矩 M 与所转过的角度 θ 成正比,即

$$M=-k\theta \tag{2-5-1}$$

式中,k 为弹簧的扭转常数.根据转动定律

$$M=J\alpha$$

式中,J 为物体绕转轴的转动惯量,α 为角加速度,由上式得

$$\alpha=\frac{M}{J} \tag{2-5-2}$$

令 $\omega^2=k/J$,且忽略轴承的摩擦阻力矩,由式(2-5-1)、(2-5-2)得

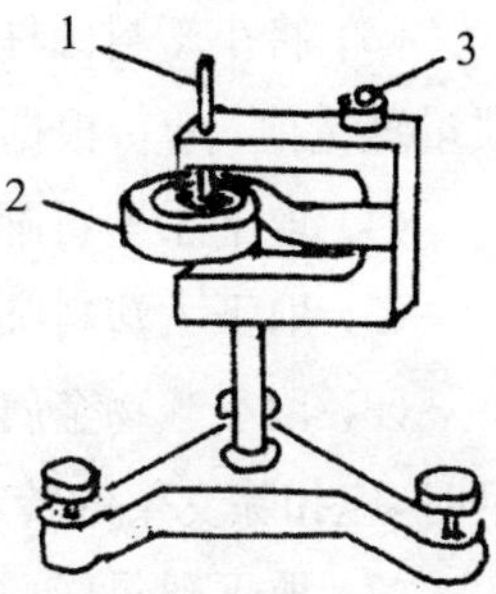

图 2-5-1 扭摆的构造

1. 垂直轴; 2. 蜗簧; 3. 水平仪

$$\alpha=\frac{d^2\theta}{dt^2}=-\frac{k}{J}\theta=-\omega^2\theta$$

上述方程表示扭摆运动具有角简谐振动的特性,角加速与角位移成正比,且方向相反,此方程的解为

$$\theta=A\cos(\omega t+\varphi)$$

式中,A 为谐振动的角振幅,φ 为初相位角,ω 为角速度.此谐振动的周期为

$$T=\frac{2\pi}{\omega}=2\pi\sqrt{\frac{J}{k}} \tag{2-5-3}$$

由(2-5-3)式可知

$$J=\frac{kT^2}{4\pi^2} \tag{2-5-4}$$

只要实验测得物体扭摆的摆动周期,并在 J 和 k 中任何一个量已知时,即可计算出另一个量.

本实验利用公式法先测得圆柱体的转动惯量,再用扭摆测出载物盘的摆动周期 T_0,再把圆柱体放到载物盘上,测出此时的摆动周期 T_1,分别代入(2-5-4)式,整理得

$$k=\frac{4\pi^2 J_0}{T_1^2-T_0^2} \tag{2-5-5}$$

其中,J_0 为圆柱体的转动惯量.

【实验内容与步骤】

(1) 用游标卡尺、钢尺和高度尺分别测定各物体外形尺寸,用电子天平测出相应质量;根据扭摆上水泡调整扭摆的底座螺钉使顶面水平.

(2) 将金属载物盘卡紧在扭摆垂直轴上,调整挡光杆位置和测试仪光电接收探头中间小孔,测出其摆动周期 T_0.

(3) 将小塑料圆柱体放在载物盘上测出摆动周期 T_1. 已知塑料圆柱体的转动惯量理论值为 J_1',根据 T_0、T_1 可求出 k 及金属载物盘的转动惯量 J_0.

(4) 取下小塑料圆柱体,在载物盘上放上大塑料圆柱体测出摆动周期 T_2.

(5) 取下大塑料圆柱体,在载物盘上放上金属筒测出摆动周期 T_3.

(6) 取下载物金属盘,装上塑料球,测定摆动周期 T_4(在计算塑料球的转动惯量时,应扣除支架的转动惯量).

(7) 取下塑料球,装上金属细杆(金属细杆中心必须与转轴重合)测定摆动周期 T_5(在计算金属细杆的转动惯量时,应扣除夹具的转动惯量).

(8) 与理论值比较,求百分误差.

【数据记录和处理】

根据上述实验步骤,把具体数据填入表 2-5-1 中.

塑料圆柱体转动惯量理论值:

$$J_1' = \frac{1}{8} m D^2$$

金属载物盘转动惯量:

$$J_0 = \frac{J_1' \overline{T}_0^2}{\overline{T}_1^2 - \overline{T}_0^2}$$

弹簧扭转常数:

$$k = 4\pi^2 \frac{J_1'}{\overline{T}_1^2 - \overline{T}_0^2}$$

大塑料圆柱体转动惯量实验值:

$$J_1 = \frac{k\,\overline{T}_2^2}{4\pi^2} - J_0$$

表 2-5-1　　　　(扭转常数：________)

物体名称	质量 m(kg)	几何尺寸(cm)	周期 T_i(s)	平均周期 T_Q(s)	转动惯量实验值 $J(kg\cdot m^2)$	转动惯量理论值 $J_1'(kg\cdot m^2)$	相对误差(%)
金属载物盘	╲	╲				╲	╲
大塑料圆柱体							
金属圆筒							
木球							
金属细杆							

金属圆筒的转动惯量实验值：

$$J_2=\frac{k\,\overline{T}_3^2}{4\pi^2}-J_0$$

金属圆筒转动惯量理论计算值：

$$J_2'=\frac{1}{8}m(D_{外}^2+D_{内}^2)$$

木球的转动惯量实验值：

$$J_3=\frac{k\,\overline{T}_4^2}{4\pi^2}-J_{支座}$$

木球的转动惯量计算值：

$$J_3'=\frac{1}{10}mD^2$$

金属细杆转动惯量实验值：

$$J_4=\frac{k\,\overline{T}_5^2}{4\pi^2}-J_{夹具}$$

金属细杆转动惯量理论计算值：

$$J_4'=\frac{1}{12}mL^2$$

$$J_{支座}=0.187\times10^{-4}\ \mathrm{kg\cdot m^2}$$

$$J_{夹具}=0.321\times10^{-4}\ \mathrm{kg\cdot m^2}$$

【注意事项】

(1) 弹簧的扭转常数 k 值不是固定常数，它与摆动角度略有关系，摆角 90°左右基本相同，在小角度时变小. 为了降低实验时由于摆动角度变化过大带来的系统误差，在测定各种物体的摆动周期时，摆角不宜过小，摆幅也不宜变化过大；

(2) 光电探头应放置在挡光杆平衡位置处，挡光杆不能和它相接触，以免增大摩擦力矩；

(3) 机座应保持水平状态；

(4) 在安装待测物体时，其支架必须全部套入扭摆主轴，并将止动螺丝旋紧，否则扭摆不能正常工作；

(5) 在称金属细杆与木球的质量时，必须将支架取下否则会带来极大误差.

【思考题】

(1) 扭摆法测量转动惯量的基本原理是什么？实验中是怎样实现的？

(2) 实验中为什么要测量扭转常数？采用了什么方法？

(3) 物体的转动惯量与哪些因素有关？

(4) 摆动角的大小是否会影响摆动周期？如何确定摆动角的大小？

(5) 实验过程中要进行多次重复测量对每一次摆角应做如何处理？

(6) 测量转动周期时为什么要采用测量多个周期的方法？此方法叫做什么方法？一般用于什么情况？

【附录】 转动惯量测试仪的使用

(1) 调节光电传感器在固定支架上的高度,使被测物体上的挡光杆能自由地通过光电门,再将光电传感器的信号传输线插入主机输入端(位于测试仪背面).

(2) 开启主机电源,“摆动”指示灯亮,参量指示“P_1”、数据显示为“________”.

(3) 本仪器(如图 2-5-2 所示)默认设定扭摆的周期数为 10,如要更改,按“置数”键,显示“$n=10$”,按“上调”键,周期数依次加 1,按“下调”键,周期数依次减 1,周期数只能在 1~20 范围内任意设定,再按“置数”键确认,显示“F1 end”,周期数一旦预置完毕,除复位和再次置数外,其他操作均不改变预置的周期数,但更改后的周期数不具有记忆功能,一旦切断电源或按“复位”键,便恢复原来的默认周期数.

(4) 按“执行”键,数据显示为“000. 0”,表示仪器已处在等待测量状态,此时,当被测的往复摆动物体上的挡光杆第一次通过光电门时,仪器即开始连续计时,直至仪器所设定的周期数时,便自动停止计时,由“数据显示”给出累计的时间,同时仪器自行计算周期 C_1 予以存储,以供查询和做多次测量求平均值,至此,P_1(第一次测量)测量完毕.

(5) 按“执行”键,“P_1”变为“P_2”,数据显示又回至“000. 0”,仪器处在第二次待测状态,本机设定重复测量的最多次数为 5 次,即($P_1, P_2, \cdots, P_5$). 通过“查询”键可知多次测量的周期值 C_i($i=1,2,\cdots,5$)以及它的平均值“C_A”.

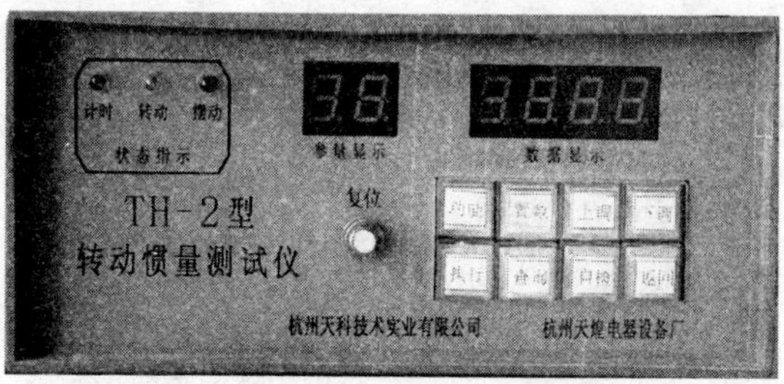

图 2-5-2 TH-2 型转动惯量测试仪面板

第3章 热 学 实 验

3-1 空气比热容比的测定

【实验目的】

(1) 学习用绝热膨胀法测定空气的比热容比；

(2) 观测热力学过程中状态变化及基本物理规律.

【实验仪器】

VJ-NCD-Ⅲ空气比热容比综合实验仪、数字温度计实验模板、万向光电门、VJ-HMJ-Ⅰ数字毫秒计.

【实验原理】

1. 数字式温度计电路设计

(1) 温度传感器是温敏晶体管与相应的辅助电路集成在同一芯片上(如图 3-1-1所示),它能直接给出正比于绝对温度的理想线性输出,一般用于－50～＋150 ℃之间温度测量,温敏晶体管是利用管子的集电极电流恒定时,晶体管的基极—发射极电压与温度成线性关系.为克服温敏晶体管生产时基极电压的离散性,均采用了特殊的差分电路.集成温度传感器有电压型和电流型两种,电流输出型集成温度传感器,在一定温度下,它相当于一个恒流源.因此它具有不宜受接触电阻、引线电阻、电压噪声的干扰,具有很好的线性特性.

(2) AD590 的工作电源范围+4~+30 V,在终端使用一只取样电阻(一般为 10 K),即可实现电流到电压的转换.测量精度比电压型的高,其灵敏度为 1 μA/V.

(3) 如果 AD590 集成温度传感器的灵敏度不是严格的 1.000 μA/℃,而是略有差异,可改变取样电阻的阻值,使数字式温度计的测量误差减少.

(4) 绝对温度跟摄氏温标的转换:$T(\text{K})=273.2+t(℃)$.

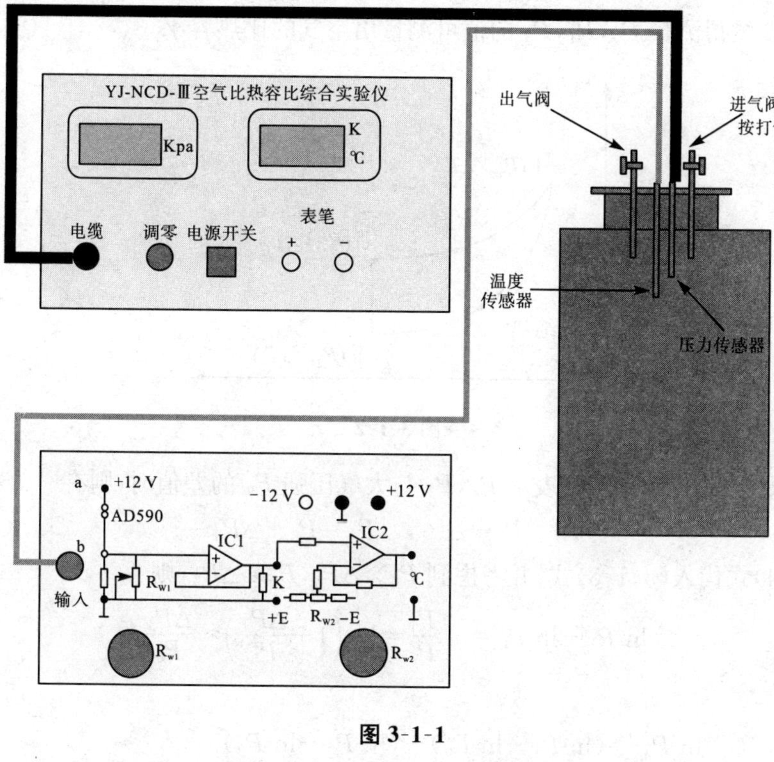

图 3-1-1

2. 绝热膨胀法测定空气的热容比

若以比大气压 P_0 稍高的压力 P_1 向容器内压入适量的空气,并以与外部环境温度 T_1 相等的单位质量的气体体积(称为比体积或比容)作为 V_1,如图 3-1-2 中的Ⅰ(P_1,V_1,T_1)表示这一状态.然后急速打开阀门,即令其绝热膨胀,降至大气压力 P_0,并以Ⅱ(P_2,V_2,T_2)表示该状态.由于是绝热膨胀,$T_2<T_1$,所以,若再迅速

关闭阀门并放置一段时间，则系统将从外界吸收热量且温度升高至 T_1；因为吸热过程中体积（比容）V_2 不变，所以，压力将随之增加为 P_3；即系统又变至状态Ⅲ(P_3, V_3, T_3). 态Ⅰ至状态Ⅱ的变化是绝热的，故满足泊松公式

$$P_1 V_1^\gamma = P_0 V_2^\gamma \tag{3-1-1}$$

而状态Ⅲ与状态Ⅰ是等温的，所以，玻意耳定律成立，即

$$P_1 V_1 = P_3 V_2 \tag{3-1-2}$$

由(3-1-1)及(3-1-2)式，消去 V_1、V_2 可解得

$$\gamma = \frac{\log P_0 - \log P_1}{\log P_3 - \log P_1} \tag{3-1-3}$$

可见，只要测得测量 P_0, P_1, P_3 的值可测量出空气的比热容 γ.

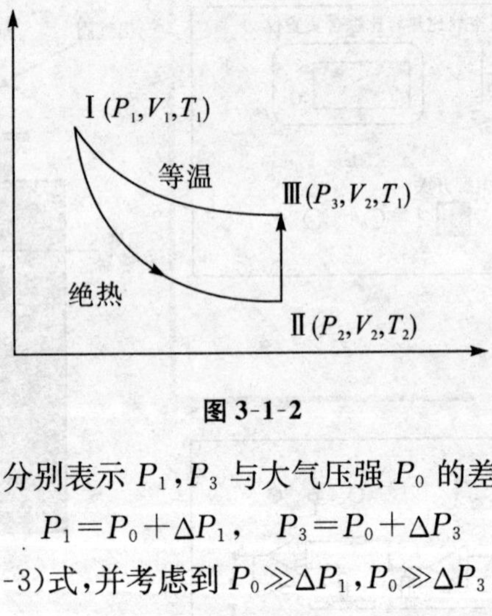

图 3-1-2

如果用 $\Delta P_1, \Delta P_3$ 分别表示 P_1, P_3 与大气压强 P_0 的差值时，则有

$$P_1 = P_0 + \Delta P_1, \quad P_3 = P_0 + \Delta P_3 \tag{3-1-4}$$

将(3-1-4)式代入(3-1-3)式，并考虑到 $P_0 \gg \Delta P_1, P_0 \gg \Delta P_3$，则

$$\ln P_1 - \ln P_0 = \ln \frac{P_1}{P_0} = \ln\left(1 + \frac{\Delta P_1}{P_0}\right) \approx \frac{\Delta P_1}{P_0}$$

及

$$\begin{aligned}\ln P_1 - \ln P_3 &= (\ln P_1 - \ln P_0) - (\ln P_3 - \ln P_0) \\ &= \ln\left(1 + \frac{\Delta P_1}{P_0}\right) - \ln\left(1 + \frac{\Delta P_3}{P_0}\right) \approx \frac{\Delta P_1}{P_0} - \frac{\Delta P_3}{P_0}\end{aligned}$$

所以

$$\gamma = \frac{\Delta P_1}{\Delta P_1 - \Delta P_3} \tag{3-1-5}$$

同样，只要用压力计测得实验过程中 P_1, P_3 时与 P_0 的压力差 $\Delta P_1, \Delta P_3$，即可通过(3-1-5)式求出比热容比 γ.

【实验内容及步骤】

(1) 用电缆线和导线连好实验装置、数字温度计实验模板和仪器面板；

(2) 调节数字温度计实验模板上的取样电阻 R_{w1}，室温由 0.1 ℃的温度计测得（实验室提供）；

(3) 调节 R_{w2} 使 IC_2 输出为室温 t(℃)；

(4) 打开出气阀；调节仪器“调零钮”使压强差值为零；

(5) 关闭出气阀，挤压打气球，向容器内压入适量的空气（压强差值不应超过 15 kPa），压强为 P_1，观察温度、压强差的变化，记录此状态Ⅰ(P_1, V_1, T_1)的 ΔP_1、T_1 的值；

(6) 打开出气阀，即令其绝热膨胀，降至大气压强 P_0，变为状态Ⅱ(P_2, V_2, T_2)，由于是绝热膨胀，$T_2 < T_1$，再迅速关闭阀门并放置一段时间，则系统温度将升至 T_1，压强将随之增加为 P_3，其状态为Ⅲ(P_3, V_3, T_3)，记录此状态时 ΔP_3、T_1 值；

注 打开出气阀放气时，当听到放气声将结束时应迅速关闭出气阀；

(7) 根据(3-1-5)式，即可求出空气的比热容比；

(8) 重复以上步骤进行多次测量（如 5 次、10 次）求平均值；

(9) 室温时干燥空气中：氧气(O_2)约占 21%，氮气(N_2)约占 78%，氩气(Ar)约占 1%. 所以空气比热容比的理论值为

$$\gamma_{理} = \frac{c_p}{c_v} = \frac{\left(\frac{99}{100} \cdot \frac{5}{2}R + \frac{1}{100} \cdot \frac{3}{2}R\right) + R}{\frac{99}{100} \cdot \frac{5}{2}R + \frac{1}{100} \cdot \frac{3}{2}R} = 1.402$$

将计算结果 $\bar{\gamma}$ 与 $\gamma_{理}$ 作比较，按

$$E = \frac{|\bar{\gamma} - \gamma_{理}|}{\gamma_{理}} \times 100\%$$

计算百分误差.

【数据记录与处理】

用 NCD 型空气比热容比测定仪测量数据与结果见表 3-1-1（仅供参考）.

表 3-1-1

n	T_0(K)	P_0(10^5 Pa)	ΔP_1(mV)	$P_1=P_0+\Delta P_1$	ΔP_2(mV)	$P_2=P_0+\Delta P_2$	γ
1	285.4		110.1	1.079 8	31.1	1.040 4	1.407
2	286.2	1.024 8	115.3	1.082 4	32.2	1.040 9	1.399
3	286.9		116.9	1.083 2	33.7	1.041 6	1.415
4	287.7		118.1	1.083 8	31.4	1.040 5	1.373

说明：表中 ΔP_1、ΔP_2 分别为绝热压缩过程和等容吸热过程气体压强的增量，实验时先按直流数字电压表测得值记录单位为 mV，实验计算中再由换算因子 200 mV相当于 0.1×10^5 Pa 将之化为压强值(单位 Pa)，干燥空气绝热指数理论值 $\gamma_0=1.402$.

【注意事项】

(1) 向容器内压入空气时，压强差值不超过 15 kPa；

(2) 在实验内容的步骤 6 中打开出气阀放气时，当听到放气声将结束时应迅速关闭出气阀，提早或推迟关闭出气阀，都将影响实验要求，引入误差. 由于数字电压表有滞后显示，如用计算机实时测量，发现此放气时间约零点几秒，并与放气声产生消失一致，而且关闭也需要零点几秒的时间，所以关闭出气阀用听更可靠些；

(3) 实验要求环境温度基本不变. 如发生环境温度不断下降情况，可在远离实验仪的地方适当加温，以保证实验正常进行.

【思考题】

(1) 为什么瓶内温度恢复不到先前记录的“室温”?

(2) 该实验的误差来源主要有哪些?

(3) 实验测量值远大于和远小于 1.40 的原因是什么?

(4) 如何检查系统是否漏气? 如有漏气，对实验结果有何影响?

(5) 玻璃管中央开设的小孔起什么作用?

(6) 对该实验提出改进意见，或设计一套新的实验方案.

注 空气的公认值：$c_p=1.003\ 2$ J/(g·℃)，$c_v=0.710\ 6$ J/(g·℃)，$\gamma=1.412$.

【附录】 FD-NCD型空气比热容比测定仪

FD-NCD型空气比热容比测定仪(复旦大学科教仪器厂出品),它由三部分组成:

(1) 贮气瓶,包括玻璃瓶、进气活塞、橡皮塞等.

(2) 四位半直流数字电压表2只,量程0~1.999 9 V.

(3) 传感器:

① AD590电流型集成温度传感器,测温范围为−50~150 ℃,接6 V直流电源后组成一个稳流源(见图3-1-4),测温灵敏度为1 μA/℃,若串联5 kΩ电阻后可产生5 mV/℃的信号电压,接0~2 V量程四位半数字电压表,可检测到最小0.02 ℃的变化.

② PT14为扩散硅气体压力传感器,它的探头通过同轴电缆线输出信号,与仪器内的放大器及四位半数字电压表相接. 当待测气体的压强为环境大气压P_0时,数字电压表显示为0;当待测气体压强为P_0+10.00 kPa时,数字电压表显示为200 mV;气体压强灵敏度为20 mV/kPa,测量精度为5 Pa,测压范围为P_0~(P_0+100 kPa).

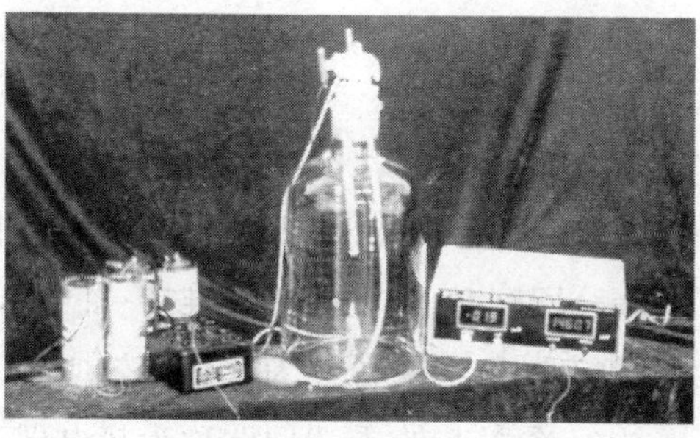

图3-1-4

3-2 热电偶的温差特性研究

热电偶作为测温元件,它广泛用来测量−200~1 300 ℃范围内的温度,特殊情况下,可测至2 800 ℃的高温或4 K的低温. 它具有结构简单,价格便宜,准确度高,测温范围广等特点.由于热电偶将温度转化成电量进行检测,使温度的测量、控制,以及对温度信号的放大变换都很方便,适用于远距离测量和自动控制.在接触式测温法中,热电温度计的应用最普遍.

【实验目的】

(1) 了解电位差计的工作原理及使用方法;

(2) 了解热电偶的工作原理;

(3) 用电位差计测量铜—康铜的热电偶温差系数.

【实验仪器】

RWY-2 型热电偶温度测量仪(温差电偶材料为铜—康铜)、UJ36a 型直流电位差计.

【实验原理】

1. 热电偶的温差电动势

1821 年,德国物理学家塞贝克(T. J. Seeback)发现:当两种不同金属导线组成闭合回路时,若在两接头维持一温差,回路就有电流和电动势产生,后来称此为塞贝克效应.其中产生的电动势称为温差电动势,上述回路称为热电偶.温差电动势的大小除了和组成的热电偶材料有关外,还决定于两接点的温度差.如图 3-2-1 所示,将一端的温度 T_0 固定(称为冷端,实验中为室温),另一端的温度 T 改变(称为热端),温差电动势亦随之改变.

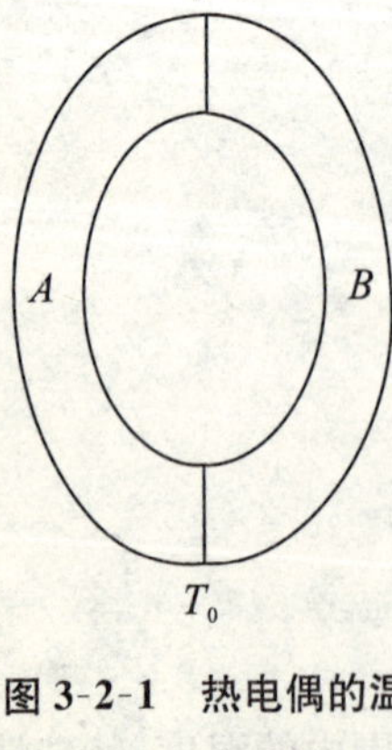

图 3-2-1　热电偶的温差电动势

电动势和温差的关系较复杂,其第一级近似式为

$$\varepsilon=\alpha(T-T_0)$$

式中,α 称为热电偶的温差系数,其大小取决于组成热电偶

的材料.

2. 电位差计工作原理

电位差计是利用电压补偿原理而设计的电压测量工具. 通常使用电压表测量电源电动势,其实测量结果是端电压,不是电动势.

怎样才能使电源内部没有电流通过而又能测定电源的电动势呢? 在如图3-2-2所示的电路中,E_x 是待测电源,E_0 是电动势可调的电源,E_x 与 E_0 通过检流计并联在一起. 当调节 E_0 的大小至检流计指针不偏转,即电路中没有电流时,两个电源在回路中互为补偿,它们的电动势大小相等,方向相反,即 $E_x=-E_0$,电路达到平衡. 若已知在平衡状态下 E_0 的大小,就可以确定 E_x 的值. 这种测定电源电动势的方法,叫做补偿法.

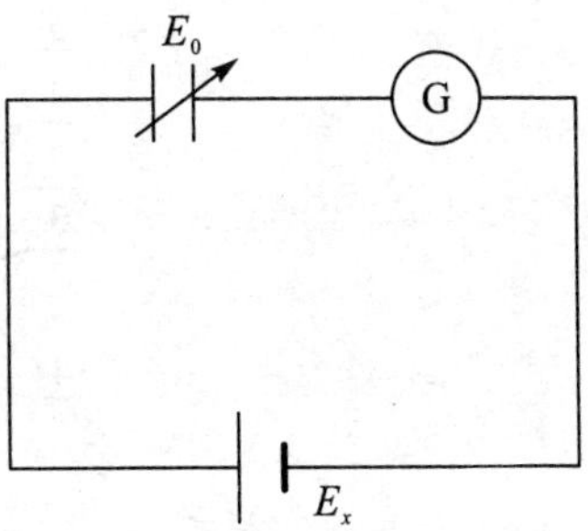

图 3-2-2 电位差计的补偿原理

【实验内容】

(1) 将图 3-2-3 中热电偶的被测的电压(或电动势)接在电位差计的“未知”的二个接线柱上(注意极性).

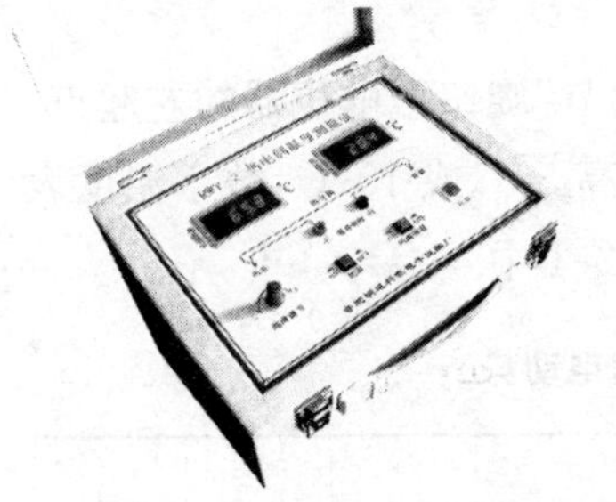

图 3-2-3 RWY-2 型热电偶温度测量仪

(2) 把倍率开关旋向所需要的位置上,同时也接通了电位差计(见图 3-2-4)工作电源和检流计放大器电源,3 min 以后,调节检流计指零.

(3) 将电键开关,扳向“标准”,调节多圈变阻器,使检流计指零.

(4) 再将电键开关,扳向“未知”,调节步进读数盘和滑线读数盘,使检流计再次指零,未知电压(电动势)按下式表示.

$$U_x=(\text{步进盘读数}+\text{滑线盘读数})\times\text{倍率}$$

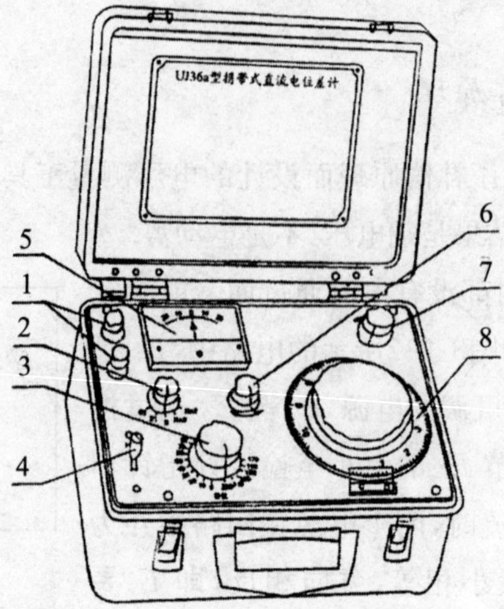

图 3-2-4 UJ36a 型直流电位差计

1. 未知测量接线柱； 2. 倍率开关； 3. 步进盘(规盘)； 4. 电键开关； 5. 晶体管放大检流计； 6. 晶体管检流计电气调零； 7. 工作电流调节变阻器； 8. 滑线盘.

【实验数据记录和处理】

1. “升温”曲线的描绘

接通加热电源开关，逆时针旋转热电偶的“温度调节”旋钮至电位器的左起点，然后顺时针缓慢调节“温度调节”旋钮，记下温度每升高 5 ℃或 10 ℃，数字温度表所显示的温度以及与该温度对应的电动势，填入表 3-2-1 中.

表 3-2-1 不同温度下所对应的温差电动势

高温(℃)										
低温(℃)										
温差(℃)										
温差电动势(mV)										

2. “降温”曲线的描绘

加热到一定温度后，关闭加热开关，温度自然冷却，当环境温度较低时，可在接通加热电源开关的同时，逆时针缓慢旋转“温度调节”旋钮来控制温度下降的速度；当环境温度较高时，可先关闭加热开关，然后打开“风扇降温”开关来加快温度的下降.

3. 在坐标纸上绘制温差—电动势曲线

利用绘制的曲线求出该直线的斜率，即为热电偶温差系数.

【注意事项】

(1) 为保证测量准确，每次测量待测电压前必须进行工作电流标准化.

(2) 测量结束后，倍率开关应处在断开位置，避免不必要的电能消耗.

(3) 所有的接线必须接好不能出现虚接，标准电池和电势差计的工作电源以及温差电动势的正负极不能接反.

(4) 电势差计校准好之后，限流电阻 R_n 不可再调动.

(5) 每测一组数据后，都应再次校准电势差计，实验时应注意提醒和检查.

(6) 有时在线路、操作都没有错误时，温差电动势的测量结果明显偏大，其原因为杯子上的接线柱上有水蒸气，擦干即可.

(7) 热电偶与毫伏表相连接的两端上的绝缘漆一定要用砂纸打磨干净，且两端要与毫伏表接触良好.

(8) 一定要等待恒温水浴的温度达到热平衡后，才能读取待测温度值和相对应的热电动势值.

【思考题】

(1) 电位差计测电动势是应用什么原理和方法？

(2) 如果测量温度 T 误差为测热电动势 ε 误差为 $\Delta\varepsilon$，那么，在以 ε 为纵坐标、T 为横坐标的坐标图上，应如何表示这一对测量结果 $\varepsilon\pm\Delta\varepsilon$，$T\pm\Delta T$？

(3) 若实验中加热时间过长，使得仪器外壳受热膨胀，对实验结果将产生怎样的影响?

(4) 在本实验中,测量结果的误差来自哪些方面?

(5) 热电偶的热电势是热电偶两端温度函数的差,就是热电偶两端温度差的函数,这种说法正确吗?

(6) 热电偶所产生的热电势的大小,当热电偶的材料是均匀时,与热电偶的长度和直径有关吗?

(7) 当热电偶的两个热电偶丝材料成分确定后,热电偶热电势的大小,是不是只与热电偶的温度差有关?

(8) 当热电偶冷端的温度保持一定时热电偶的热电势是不是仅为工作端温度的单值函数?

(9) 利用热电偶设计一个简单的温度计.

第 4 章 电磁学实验

4-1 电磁学实验基础知识

电磁学实验离不开电源和各种仪器、仪表，所以在实验之前，必须了解实验室常用设备(电源、仪表等)的性能及其使用方法，掌握仪器的布置规则和常用电路，并牢记要遵守电磁学实验的操作规则.

4-1-1 常用电学仪器及元件

1. 直流电源

实验室常用直流电源有晶体管直流稳压电源和干电池、蓄电池等.

晶体管直流稳压电源的优点是输出电压长期稳定性好、输出可调、功率(额定电流)大、内阻小、可长期连续使用. 缺点是工作时由于用交流电源供电，因而短期稳定性不如干电池，会受电网电压波动的影响，一般说来体积也较大.

干电池输出电压的短期稳定性好，使用时不会对用电电路造成交流噪声干扰和电磁干扰，常用于对稳压要求高的电路或便携式仪器中. 缺点是容量有限，使用寿命短，不能长期连续使用. 干电池变坏的标志是内阻变大，端电压变低，严重失效的会流出腐蚀性液体. 干电池需要经常检查，及时更换.

选用电源要注意：① 输出电压是否满足要求；② 电源是否超载，即负载取用电流是否超过电源的额定值，如果超载，直流稳压电源会很快发热以致烧坏，干电池会很快报废；③ 要谨防电源两极短路.

2. 标准电池

标准电池具有稳定而准确的电动势，一级标准电池在一年时间内电动势的变化不超过几微伏，因而自 1908 年即被国际计量局推荐作为电压单位的基准器. 最常用的是 Weston 标准电池. 标准电池的正极是汞，上面覆盖有硫酸亚汞固体作为去极化剂；负极为镉汞齐，电解液为硫酸镉溶液. 各种化学物质密封在玻璃管内，两电极由铂导线引出，然后装入金属筒内.

根据硫酸镉电解液饱和程度不同，标准电池又分为饱和型和不饱和型两种. 从外形看，又分为 H 型和单管型.

图 4-1-1 为饱和型标准电池的结构示意图. 饱和型标准电池电解液中有过剩的硫酸镉晶体，负极镉汞齐中含镉 10%、汞 90%. 其电动势在恒温下有很高的长期稳定性，年变化不超过几微伏. 当使用环境温度偏离 20 ℃时，根据 1986 年颁布的国家计量检定规程，其电动势温度修正公式为

$$E_N(t)=E_N(20)-[39.9(t-20)+0.954(t-20)^2-0.009(t-20)^3]\times10^{-6}(\mathrm{V})$$

式中，$E_N(20)$是在 20 ℃时的电动势.

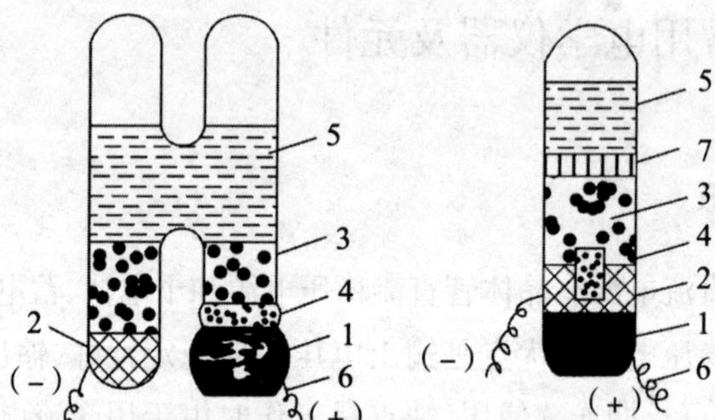

图 4-1-1　饱和型标准电池

1. 汞；　2. 10%镉汞齐；　3. 硫酸镉晶体；　4. 硫酸亚汞；
5. 硫酸镉饱和溶液；　6. 铂丝引线；　7. 微孔塞片

不饱和标准电池，在规定使用温度范围内硫酸镉电解液处于不饱和状态，负极镉汞齐中含镉 12.5%、汞 87.5%. 其结构和化学成分与饱和型基本相同，只是电解液中无过量的硫酸镉晶体. 电动势长期稳定性比饱和型差，变化量约 20～200 μV/a；但其温度稳定性较好，约为−1～−5 μV/℃. 在 0～50 ℃范围内电动势不必修正，可取其 20 ℃时的值.

标准电池按其年稳定度分等级. 例如实验室常用的 BC_3 型标准电池，等级指数 0.005，其电动势年变化量不超过±50 μV. 表 4-1-1 给出了标准电池的主要技术指标.

表 4-1-1　标准电池的主要技术指标

类　型	饱　和　式						不　饱　和　式		
等级指数	0.000 2	0.000 5	0.001	0.002	0.005	0.01	0.002	0.005	0.01
20 ℃时检定值(V)	1.018 500～1.018 680	1.018 590～1.018 680	1.018 590～1.018 680	1.018 55～1.018 68	1.018 55～1.018 68	1.018 55～1.018 68	1.018 80～1.019 30	1.018 80～1.019 30	1.018 80～1.019 30
一分钟内最大允许通过电流(μA)	0.1	0.1	0.1	1	1	1	1	1	1
一年内电动势允许偏差值(μV)	±2	±5	±10	±20	±50	±100	±20	±50	±100
放电前与放电后电动势允许偏差值(μV)	1	2	3	5	10	25	5	10	25
参考温度范围(℃)	17.5～22.5	15～25	12.5～32.5	10～40	10～35	10～40	18～22	12.5～22.5	4～40
工作温度范围(℃)	15～25	10～30	5～35	5～40	0～40	0～40	15～25	10～30	4～40
相对温度(%)	≤80						≤80		
±20℃时直充内阻最大值(Ω) 新的	700	700	1 000	1 000	1 000	1 000	1 000	1 000	1 000
±20℃时直充内阻最大值(Ω) 使用中的	1 000	1 000	1 500	1 500	2 000	3 000	2 000	3 000	3 000
参考型号	—	BC11	BC17	—	BC3	BC9	—	—	BC24
备　注	经数年考核可定为一等或二等标准量具								

每只标准电池出厂时，都附有检定证书，给出该电池 20 ℃时的电动势值及内阻值. 在准确度要求高的情况下使用，可先按实际使用温度(标准电池插有温度计)对检定值做温度修正，并可简单地以该电池等级指数所规定的一年内电动势允许偏差值作为误差限. 在大学物理实验中，一般取标准电池电动势为 1.018 V 就可以了，在室温变化范围内不必做温度修正，而且可不考虑其误差. 因温度修正值和误差限都远小于 10^{-3} V.

使用中应注意如下事项：

(1) 温度要求，应符合表 4-1-1 规定的工作温度范围. 使用中要远离冷源和热源，防止骤冷骤热.

(2) 充放电电流，一般要求不得超过 1 μA. 在补偿电路中使用时极性不得接反;不得用伏特计测量其电动势;不能用多用表或电桥测量其内阻;要谨防两极短路,不允许用手指同时接触两个电极的端扭.

(3) 防止振动、倾斜、倒置.

(4) 遮光保存,防止强光直照.

3. 电阻箱

测量用电阻箱要求有足够的准确度和稳定度,故一般由电阻温度系数较小的锰铜合金丝绕制的精密电阻串联而成.实验室常把电阻箱作为标准电阻使用.

图 4-1-2 为插塞式电阻箱的内部电路.图中以插塞(黑圆点)选择的电阻为 5 019 Ω.实验室以转盘式电阻箱使用最为广泛,借助变换转盘位置,可获得 1～9 999 Ω(如 ZX36 型)或 0.1～99 999.9 Ω(如 ZX21 型)的各种电阻值.图 4-1-3 是 ZX21 型电阻箱的面板图.

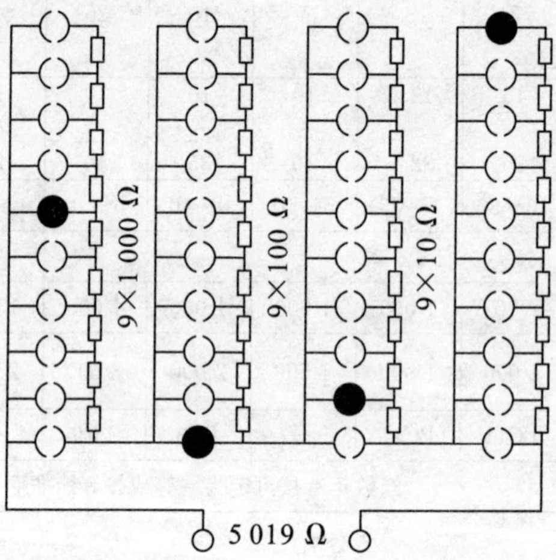

图 4-1-2 插塞式电阻箱的内部电路

图 4-1-3 ZX21 型电阻箱面板

电阻箱的主要规格是其总电阻、额定电流和准确度等级. 现以 ZX21 型电阻箱为例做如下说明：

(1) 调节范围

如果 6 个转盘所对应的电阻全部用上(使用“0”和“99 999.9 Ω”两个接线柱，6 个转盘均置于最高位)，总电阻值为 99 999.9 Ω，此时残余电阻(内部导线电阻和电刷接触电阻)最大. 如果只需要 0.1～0.9 Ω(或 9.9 Ω)的阻值范围，则内接“0”和“0.9 Ω”(9.9 Ω)两接线柱. 这样可减小残余电阻对使用低电阻时的影响.

(2) 额定电流

使用电阻箱不允许超过其额定电流. 有些电阻箱只标明了额定功率 P，额定电流可利用公式 $I=P/R$ 算出. 例如，电阻箱额定功率为 0.25 W，对于步进电阻为 ×0.1 Ω的挡，其额定电流为 0.25/0.1=1.5 A. 注意电阻箱各挡的额定电流是不同的，但均可照此例计算.

(3) 准确度等级

电阻箱的准确度等级由基本误差和影响量(环境温度、相对湿度等)引起的变差来确定. 对等级指数的划分，GB3949-83 与 JB1788-76 的规定有所不同. 旧国标规定一个电阻箱有一个共同的等级指数，而新国标规定一个电阻箱的各挡可以有不同的等级指数. 对于适用 JB1788-76 的电阻箱，暂约定按下式估算示值误差限

$$\Delta R=a\%R+0.005\ (m) \tag{4-1-1}$$

式中，R 为电阻箱示值；a 为等级指数；m 为所使用的步进盘的个数. 例如，使用“0”和“9.9 Ω”两个接线柱时，$m=2$. 而使用“0”和“99 999.9 Ω”两接线柱时，$m=6$. 对于适用 GB3949-83 的电阻箱，可用下式估算其示值误差限

$$\Delta R=\sum_i a_i\%R_i+0.005\ (m) \tag{4-1-2}$$

式中，a_i、R_i 表示第 i 个 10 进盘的等级指数和示值. 表 4-1-2 为国标规定的电阻器的等级指数系列：

表 4-1-2

指数	1	2	3	4	5	6	7	8	9
a	0.000 5	0.001	0.002	0.005	0.01	0.02	0.05	0.1	0.2

各挡的等级指数标示在产品铭牌上.

使用电阻箱时应注意：使用前应先来回旋转一下各转盘，使电刷接触可靠. 使

用过程中注意不要使电阻箱出现 0 Ω 示值. 为简化计算,有时可认为 $m=0$.

4. 滑线变阻器

滑线变阻器的主要部分为密绕在瓷管上的涂有绝缘漆的电阻丝. 电阻丝两端与固定接线端相连,并有一滑动触头通过瓷管上方的金属导杆与滑动接线端相连,如图 4-1-4 所示,M、N 为固定端接线柱,T 为滑动端接线柱.

图 4-1-4　滑线变阻器

滑线变阻器的主要技术指标为全电阻和额定电流(功率). 应根据外接负载的大小和调节要求选用,尤其要注意,通过变阻器任一部分的电流均不允许超过其额定电流.

实验室常用滑线变阻器来改变电路中的电流或电压,分别连接成制流电路和分压电路,如图 4-1-5(a)和(b)所示. 使用时应注意,接通电源前,制流电路中滑动端 T 应置于电阻最大位置(N 端);分压电路中,滑动端 T 应置于电阻最小位置(N 端).

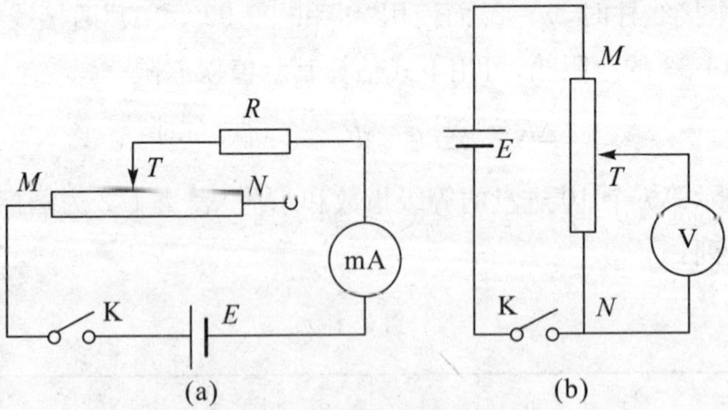

图 4-1-5　制流电路和分压电路

表 4-1-3 列出了常用电路元件的符号.

表 4-1-3 常用电路元件符号

元件	符号	元件	符号
电池(直流电源)	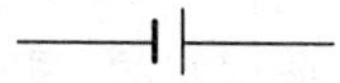	单刀单掷开关	
固定电阻	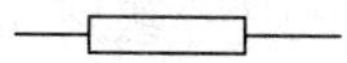	单刀双掷开关	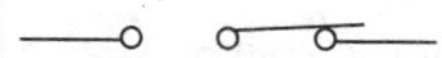
受阻器	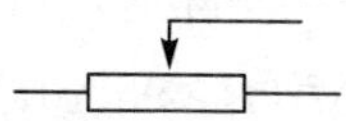		
可变电阻	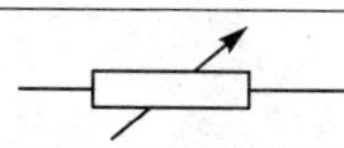	双刀双掷开关	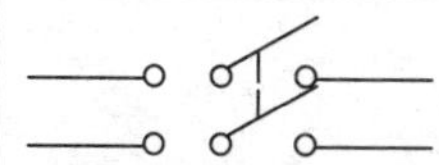
固定电容	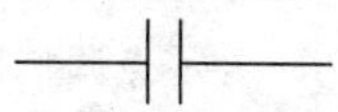	换向开关	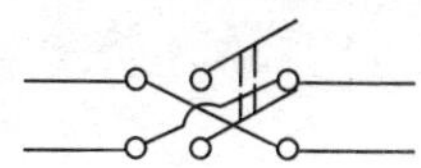
可变电容			
电感线圈		晶体二极管	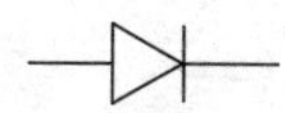
互感线圈	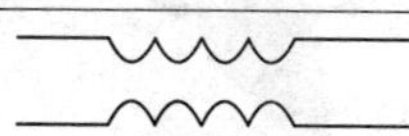	晶体三极管(NPN)	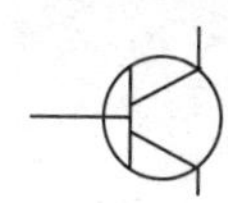
信号灯	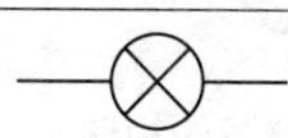		

5. 直流电表

实验室常用的直流电表大多为磁电式电表，它的内部构造如图 4-1-6 所示. 图中圆筒状极掌之间铁芯的使用是使极掌和铁芯间磁场很强，并使磁感线呈均匀辐射状. 当线圈中有电流通过时，线圈受电磁力矩而偏转，直到与游丝的反抗力矩相平衡，指针即指向某一分度. 线圈串并联不同电阻，即可构成不同量程的伏特计、安培计. 随着集成元件的成本降低，数字式电表的应用也日趋广泛. 要做到正确选择和使用电表，必须了解电表的主要规格、电表接入电路的方法和正确读数的方法.

电表的主要技术指标是量程、内阻和准确度等级. 量程是指电表可测的最大电流值或电压值. 安培计内阻一般由说明书给出或由实验测出. 对于伏特计，内阻可由下式算出：

$$\text{内阻} = \text{量程} \times (\Omega/V) \tag{4-1-3}$$

(Ω/V)标在表盘上，准确度等级一般也标在表盘上.

电表准确度等级指数的确定取决于电表的误差，包括基本误差和附加误差两部分. 电表的附加误差考虑比较困难，在教学实验中，一般只考虑基本误差. 电表的基本误差是由其内部特性及构件等的质量缺陷引起的. 国家标准规定，电表的准确度等级共分为 0.1、0.2、0.5、1.0、1.5、2.5、5.0 七个级别. 如果以 a 表示等级指数，Am 表示量程，ΔA 表示示值误差（ΔA=示值－实际值），则 ΔA 应满足

$$|\Delta A| \leqslant Am a\% = \Delta A (P \geqslant 95\%) \tag{4-1-4}$$

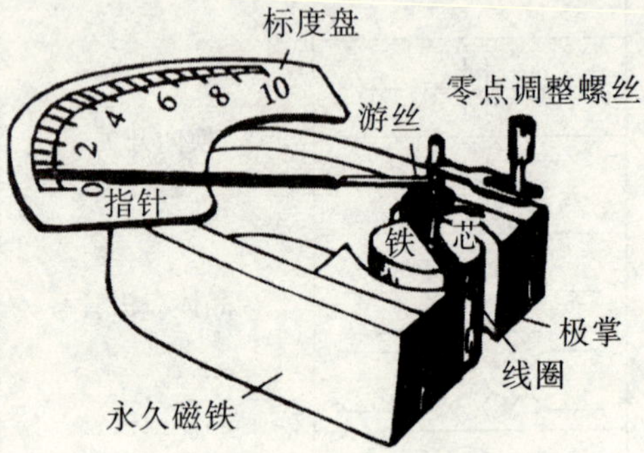

图 4-1-6　磁电式电表的构造

由(4-1-4)式可见，$\Delta A = Ama\%$ 对于确定的电表来说是个常量，它表示电表基本允许误差极限. 实际上，人们很难确知示值误差 ΔA 的大小和正负，而只能依据电表量程和等级指数估算其示值误差限. 电表示值相对误差限表示为

$$E_r = \frac{\Delta A}{A} \times 100\% = \frac{Ama\%}{A} \times 100\% \quad (P \geqslant 95\%) \tag{4-1-5}$$

式中，A 为电表示值. 显然当显示值 $A = Am$ 时，$E_r = a\%$.

物理实验中，可粗略地用示值误差限估算电表测量结果，高置信概率（$P \approx 95\%$）的 B 类测量不确定度 uB.

电表的使用和读数应注意以下几点：

(1) 正确选择量程. 选用电表时应让指针偏转尽量接近满量程. 当待测量大小未知时，应首选较大量程，然后根据偏转情况选择合适量程.

(2) 电表接入电路的方法. 安培计应与待测电路串联；伏特计应与待测电路并联. 注意电表极性，正端接高电位，负端接低电位.

(3) 正确读取示值. 为了减小读数误差，眼睛应正对指针. 对于配有镜面的电表，必须看到指针镜像与指针重合时再读数. 一般应估读到电表分度的 1/4～1/10.

(4) 应尽量在规定的允许条件下使用电表,从而尽量减小影响量带来的附加误差.

此外,在实际测量时,为了减小电表内阻对测量结果的影响,应选择合理的测量线路.

例如,在伏安法测电阻的实验中,应根据安培计内阻 R_g 与待测电阻 R_x 的相对大小,选择安培计的内接法线路和外接法线路.

表 4-1-4 列出各种符号的意义,清楚其意义有助于正确使用电表.

表 4-1-4　常见的电气仪表表盘标记符号

名称	符号	名称	符号
指示测量仪表的一般符号	○	磁电式仪表	
检流计	t	静电式仪表	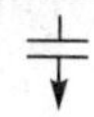
安培计	A	直流	—
毫安计	mA	交流(单相)	～
微安计	μA	准确度等级(例如 1.5 级)	1.5
伏特计	V	电表垂直放置	⊥
毫伏计	mV	电表水平放置	⊓
千伏计	kV	绝缘强度试验电压为 2 kV	
欧姆计	Ω	防潮(湿)分为 A、B、C 等级	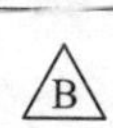
兆欧计	MΩ	Ⅱ级防外磁场及电	

4-1-2　电磁学实验操作规程

(1) 实验前首先弄清本次实验所用仪器的规格,准备好数据表,再根据电路图将各种仪器放置于合适的位置(要考虑到读数,操作方便和安全,排列整齐,导线尽可能不交叉).

(2) 连接线路时切勿先接入电源两极.简单电路可从电源一极出发,顺次连接串联部分,然后连接并联部分.复杂电路可分成若干单元回路,然后顺次连接.

(3) 往接线柱上接导线时,应使导线方向与接线旋转方向一致,使导线连接牢固.

(4) 通电前将电路中有关仪器调节到电路中电压、电流尽可能小的位置,以保证电路安全.并且不管电路中有无高压,要养成避免用手或身体接触电路中导体的习惯.

(5) 连好线路后,经自己检查确认无误(检查电路是否正确,开关是否打开,电表和电源的正负极是否接错,量程、电阻箱数值是否正确等),再请教师检查,经允许后,方可接通电源.

(6) 改换电路或电表量程时,必须先断开电源然后换接.

(7) 实验完毕,先将有关仪器调到电路中的安全位置,断开开关.经教师检查实验数据后,再拆电路.拆线时先拆去电源,最后将所有仪器还原,导线成束,经检查后方可离开实验室.

4-2　电表的改装及校准实验

【实验目的】

(1) 了解替代法测量电流计内阻的方法;

(2) 掌握将电流计改装成电压表和电流表的基本原理和方法;

(3) 学习绘制校准曲线;

【实验仪器】

TKDG-1 型电表改装与校准实验仪($I_g=1$ mA)、连接线.

【实验原理】

1. 电流计可以改装成毫安表或电流表

电流计 G 只能测量很小的电流，为了扩大电流计的量程，可以选择一个合适的分流电阻 R_s 与电流计并联，允许比电流计量程 I_g 大的电流通过由电流计和与电流计并联的分流电阻所组成的毫安表或电流表，这就改装成为一只毫安表或电流表，这时电表面板上指针的指示值就要按毫安表或电流表的满量程设计来读取数据.

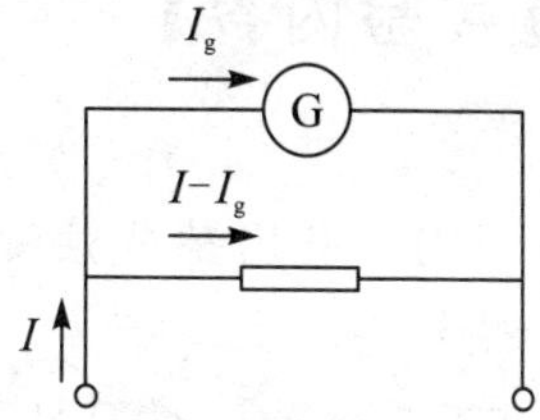

图 4-2-1

若测出电流计 G 的内阻 R_g，则根据图 4-2-1 就可以算出将此电流计改装成量程为 I 的毫安表所需的分流电阻 R_s.

由于电流计与 R_s 并联，则设为临界状态时，则有

$$I_g R_g = (I - I_g) R_s$$

$$R_s = \left(\frac{I_g}{I - I_g}\right) R_g$$

由上式可见，电流量程 I 扩展越大，分流电阻阻值 R_s 越小. 取不同的 R_s 值，可以制成多量程的电流表.

2. 电流计也可以改装成电压表

由于电流计量程 I_g 很小，其内阻 R_g 也较小，所以只允许加很小的电位差，为了扩大其测量点位差的量程，可以让其与一个高电阻 R_s 串联，这时两端的电位差大部分分配在 R_s 上，而加在电流计上的小部分电压只与所加电位差 U 成正比. 只需选择合适的 R_s 与电流计串联作为分压电阻，允许比原来 $I_g R_g$ 大的电压加到由电流计和与电流计串联的分压电阻所组成的电压表上，这就改装成为一只电压表，这时电流计面板上指针的指示值就要按电压表的满量程设计来读取读数.

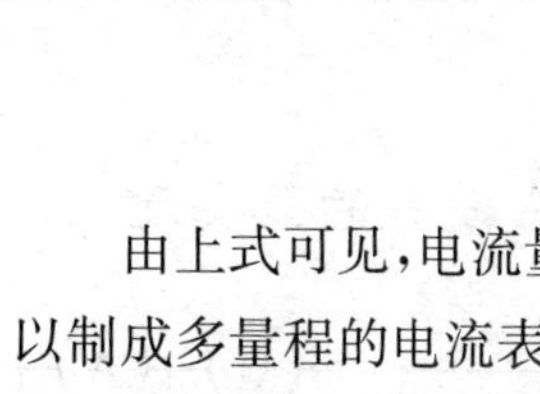

图 4-2-2

如果改装后的电压表量程为 V，则根据图 4-2-2 就可以算出将此电流计改装成量程为 V 的电压表所需的分压电阻 R_s.

当处于临界条件时

$$V=I_g(R_g+R_s)$$

$$R_s=\frac{V}{I_g}-R_g$$

由上式可见，电压表量程 V 扩展越大，分压电阻阻值 R_s 越大. 取不同的 R_s 值，可以制成多量程的电压表.

【实验内容】

1. 采用替代法测量电流计内阻

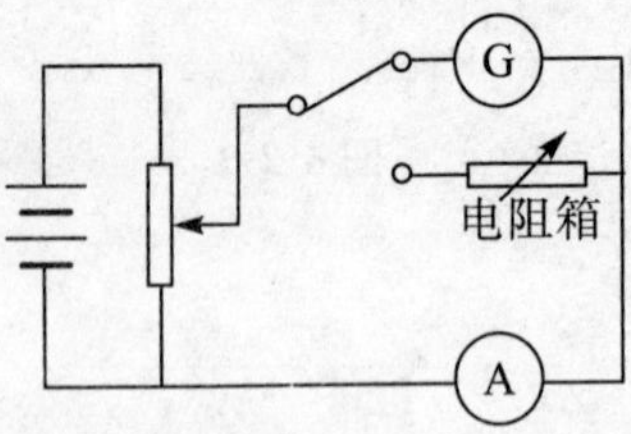

图 4-2-3

将被测电流计接在电路中读取标准表的的电流值，保持电路中的电压不变，然后切换开关 S 的位置，用十进位电阻箱替代它，并改变电阻箱的阻值，使流过标准表的电流和前面一样，则电阻箱的阻值即为被改装表的内阻. 如图 4-2-3 所示.

2. 改装电流计为 5 mA 量程的毫安表

根据分流原理，将电流计改装成量程为 5 mA 的毫安表，并且按图 4-2-4 用所提供的 0.5 级三位半标准数字毫安表来校准被改装的毫安表. 从 0 到满量程，再从满量程到 0 分别以电流计面板读数为横坐标，标准毫安表读数为纵坐标，用毫米方格纸作出校准曲线.

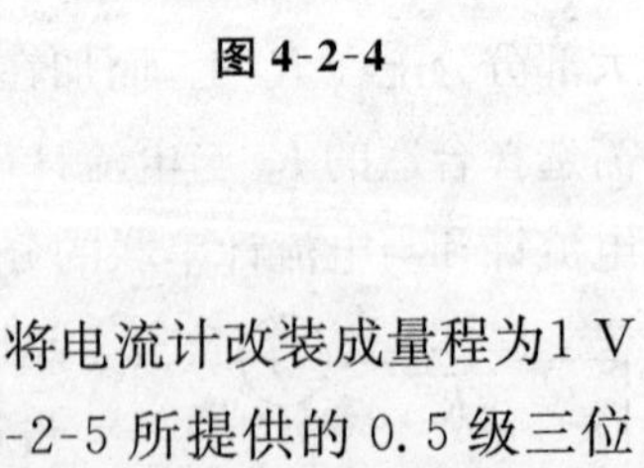

图 4-2-4

3. 改装电流计为 1 V 量程的电压表

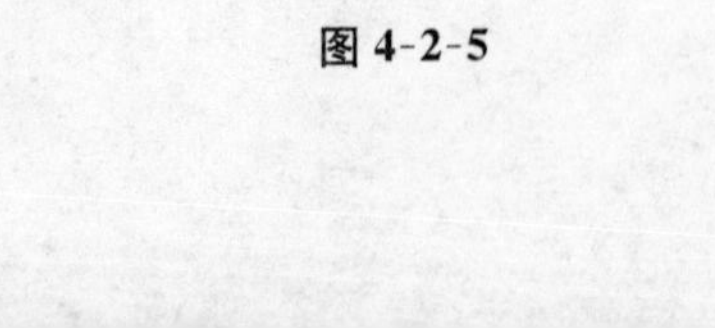

图 4-2-5

根据分压原理，将电流计改装成量程为1 V 的电压表，并按图 4-2-5 所提供的 0.5 级三位半标准数字电压表来校准为改装成的电压表. 从 0 到满量程，从满量程到 0 分别以电流计面板读数为横坐标，标准电压表读数为纵坐标，用毫米方格纸作出校准曲线.

【实验数据和处理】

1. 电流计内阻 R_g 的测量

2. 将电流表改装为 5 mA 的毫安表

将数据填入表 4-2-1 中.

表 4-2-1

表头示数(格)	0	20	40	60	80	90
标准电流表读数(电流减小)						
标准电流表读数(电流增大)						

校准曲线绘制；

3. 将电流计改装成量程为 1 V 量程的电压表

将数据填入表 4-2-2 中.

表 4-2-2

表头示数(格)	0	20	40	60	80	90
标准电压表读数(电流减小)						
标准电压表读数(电流增大)						

校准曲线绘制；

4. 实验误差分析

【思考题】

(1) 为什么校准电表时需要把电流(电压)从大到小做一遍又从小到大做一遍？如果两者完全一致说明什么？两者不一致又说明什么？

(2) 在 20 ℃时校准的电表拿到 30 ℃的环境中使用,校准是否仍然有效？这说明校准和测量之间有什么应注意的问题?

(3) 使用各种电表应注意哪些事项?

(4) 电表改装前后,表头允许流过的最大电流和允许加在两端的最大电压是否发生变化?

4-3　电阻元件的伏安特性

【实验目的】

(1) 学习常用的电磁学仪器仪表的正确使用及简单电路的连接;

(2) 掌握用伏安法测量电阻的基本方法及其误差的分析;

(3) 测定线性电阻和非线性电阻的伏安特性;

【实验仪器】

电阻元件伏安特性实验仪,实验仪为 0～20 V 可调直流稳压电源;直流数字电压表,量程为(2～20 V),内阻为 1 MΩ;直流数字毫安表,量程为(200 μA～2 mA～20 mA～200 mA)可调,其相对应内阻分别为 1 kΩ、100 Ω、10 Ω、1 Ω;0～999 Ω 可调变阻器;待测 240 Ω(2 W)金属膜电阻、待测稳压管(5.6 V)、待测小灯泡(12 V/0.1 A)、限流电阻 200 Ω/2 W 等.

【实验原理】

导体的电阻是导体本身的一种性质，在电学实验中经常要对电阻进行测量. 测量电阻的方法有多种，伏安法是常用的基本方法之一. 所谓伏安法，就是运用欧姆定律，测出电阻两端的电压和通过电阻的电流，根据

$$R=\frac{U}{I}$$

即可求得阻值 R. 也可运用作图法，作出伏安特性曲线，从曲线上求得电阻的阻值. 对有些电阻，其伏安特性曲线为直线，称为线性电阻，如常用的碳膜电阻、线绕电阻、金属膜电阻等. 另外，有些元件，伏安特性曲线为曲线，称为非线性电阻元件，如灯泡、晶体二极管、稳压管、热敏电阻等. 非线性电阻元件的阻值是不确定的，只有通过作图法才能反映它的特性.

用伏安法测电阻，原理简单(见图 4-3-1)，测量方便，但由于电表内阻介入的影响，给测量带来一定系统误差. 在电流表内接法中，由于电压表测出的电压值 U 包括了电流表两端的电压，因此，测量值要大于被测电阻的实际值. 由

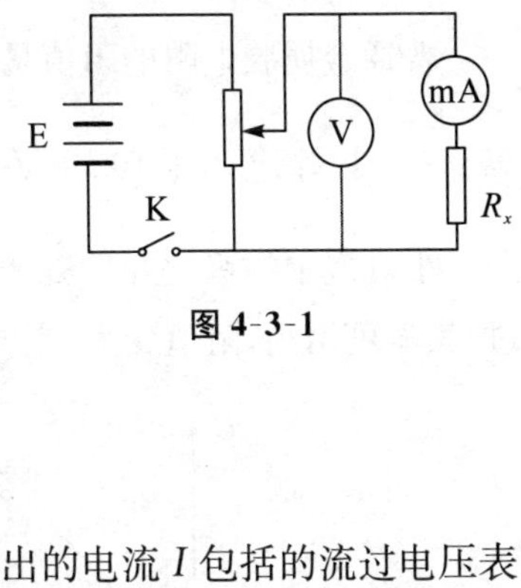

图 4-3-1

$$R=\frac{U}{I_x}=\frac{U_x+U_{\mathrm{mA}}}{I_x}=R_x+R_{\mathrm{mA}}=R_x\left(1+\frac{R_{\mathrm{mA}}}{R_x}\right)$$

可见，由于电流表内阻不可忽略，故产生一定的误差.

在电流表外接法(见图 4-3-2)中，由于电流表测出的电流 I 包括的流过电压表的电流，因此，测量值要小于实际值. 由

$$R=\frac{U_x}{I}=\frac{U}{I_x+I_{\mathrm{V}}}=\frac{1}{\frac{1}{R_x}+\frac{1}{R_{\mathrm{V}}}}=\frac{R_x}{\left(1+\frac{R_x}{R_{\mathrm{V}}}\right)}$$

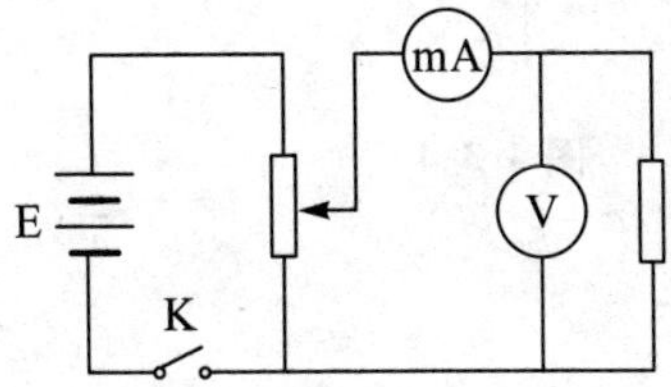

图 4-3-2

可见，由于电压表内阻不是无穷大，故给测量带来一定的误差.

上述两种联结电路的方法，都给测量带来一定的系统误差，即测量方法误差. 为此，必须对测量结果进行修正. 其修正值为：

$$\Delta R_x=R_x-R$$

其中,R 为测量值,R_x 为实际值.

为了减小上述误差,必须根据待测阻值的大小和电表内阻的不同,正确选择测量电路.当

$R_x \gg R_{mA}$ 且 $R_x > R_V$ 时,选择电流表内接法.

$R_x \ll R_V$ 且 $R_x > R_{mA}$ 时,选择电流表外接法.

$R_x \gg R_{mA}$ 且 $R_x \ll R_V$ 时,两种接法均可.

经过以上处理,可以减小和消除由于电表接入带来的系统误差,但电表本身的仪器误差仍然存在,它决定于电表的准确度等级和量程,其相对误差为

$$\frac{\Delta R_x}{R_x}=\frac{\Delta U}{U_x}+\frac{\Delta I}{I_x}$$

式中,ΔI 和为电流表和电压表允许的最大示值误差.

1. 普通金属膜电阻的 V-A 特性

普通金属膜电阻的阻值是不变的,所以它的 V-A 特性曲线如图 4-3-3 所示.

2. 小灯泡的电阻的 V-A 特性

小灯泡中的钨丝开始处于常温状态.它的阻值保持不变状态,但随着电流通过,其温度增高,阻值变大,它的 V-A 特性曲线如图 4-3-4 所示.

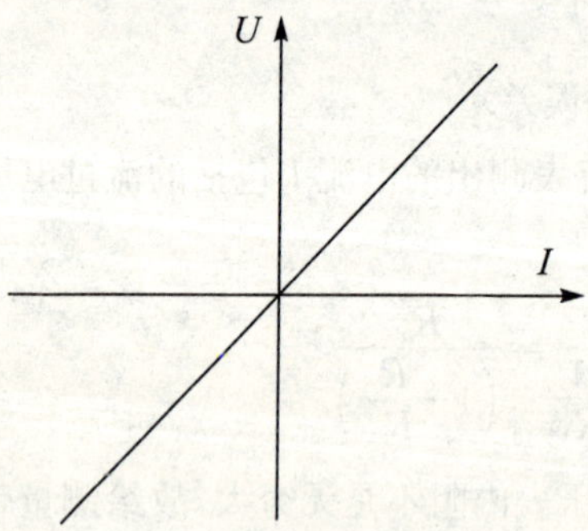

图 4-3-3

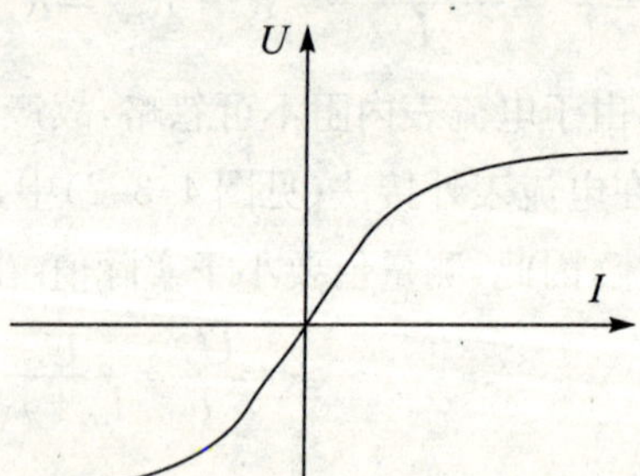

图 4-3-4

3. 普通二极管的 V-A 特性

普通二极管的特性是正向导通反向截止,它的 V-A 特性曲线如图 4-3-5 所示.

4. 稳压二极管的V-A特性

稳压管实质上就是一个面结型硅二极管，它具有陡峭的反向击穿特性，工作在反向击穿状态.在制造稳压管的工艺上，使它具有低压击穿特性.稳压管电路中，串入限流电阻，使稳压管击穿后，电流不超过允许的数值，因此击穿状态可以长期持续，并能很好地重复工作而不致损坏.

稳压管的特性曲线如图4-3-6所示，它的正向特性和一般硅二极管一样，但反向击穿特性较陡.由图可见，当反向电压增加到击穿电压以后，稳压管进入击穿状态在曲线的AB段，虽然反向电流在很大范围内变化，但它两端的电压U_x变化很小，即U_x基本恒定.利用稳压管的这一特性，可以达到稳压目的.

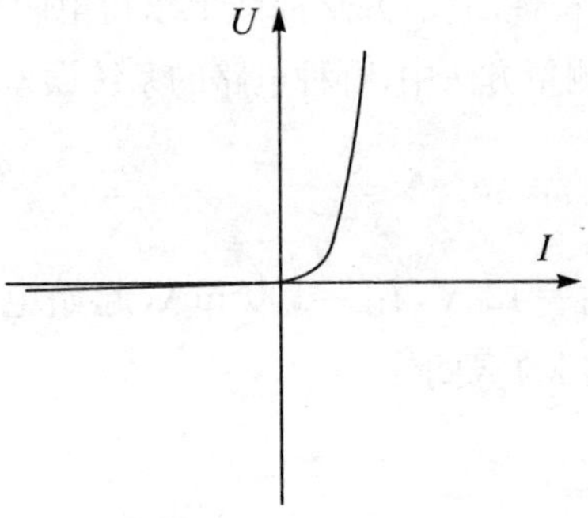

图4-3-5

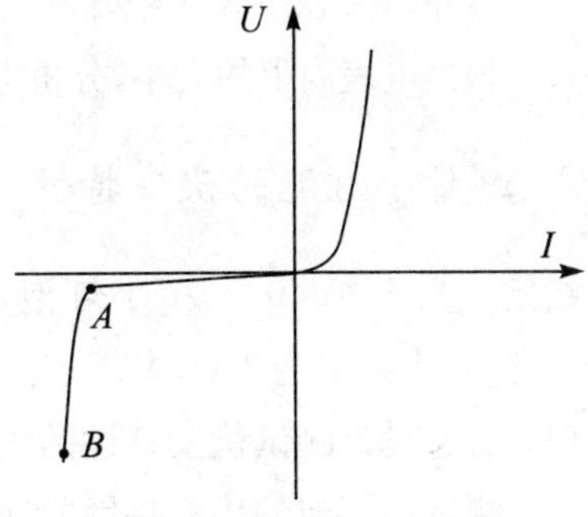

图4-3-6

稳压管的参数如下：

(1) 稳定电压U_x

即稳压管在反向击穿后其两端的实际工作电压.这一参数随工作电流和温度的不同略有改变，并且分散性较大，例如，2CW14型的$U_x=6\sim7.5$ V.

但对于每一个管子而言，对应于某一工作电流，稳定电压有相应的确定值.

(2) 稳定电流I_x

即稳压管的电压等于稳定电压时的工作电流.

(3) 动态电阻R_x

是稳压管电压变化和相应的电流变化之比，即$R_x=\Delta V_x/\Delta I_x$，显然，$\Delta V_x$越小，稳压效果越好，动态电阻的数值随工作电流的增加而减小.但当工作电流$I_x>5$ mA以后，R_x减小的不显著，而当$I_x<1$ mA时，R_x明显增加，阻值较大.

(4) 最大稳定电流$I_{x\max}$和最小稳定电流$I_{x\min}$

$I_{x\max}$是指稳压管的最大工作电流，超过此值，即超过了管子的允许功耗散功率；$I_{x\min}$是指稳压管的最小工作电流，低于此值，V_x 不再稳定，常取 $I_{x\min}=1\sim2$ mA.

【实验内容及步骤】

1. 测定金属膜电阻的伏安特性

(1) 根据图 4-3-1 连接好电路. 金属膜电阻 R_x 为 240 Ω，每改变一次电压 U，读出相应的 I 值，并填入表 4-3-1 中，作伏安特性曲线，再从曲线上求得电阻值.

(2) 根据图 4-3-2 连接好电路，仍用测量步骤 1 中 R_x，每改变一次 I 值读出相应的 U 值，并填入表 4-3-2 中，同样作出伏安特性曲线，并从曲线上求得电阻值.

(3) 根据电表内阻的大小，分析上述两种测量方法中，哪种电路的系统误差小.

2. 测量小灯泡的伏安特性

给定一只 12 V/0.1 A 小灯泡，已知 $U_H=12$ V，$I_H=100$ mA，起始电流为 20 mA，毫安表内阻为 1 Ω，电压表内阻为 100 kΩ. 要求：

(1) 自行设计测试伏安特性的线路；

(2) 测试小灯泡的伏安特性曲线；

(3) 判定小灯泡是线性元件还是非线性元件.

3. 测定二极管的伏安特性

(1) 二极管伏安特性测定的实验电路

实验电路如图 4-3-7 所示. E 为 0～20 V 可调电源，R 为限流电阻器.

(2) 测定二极管的正向特性

① 按图 4-3-8 连接电路，R 阻值调到最大，可调稳压电源的输出为零.

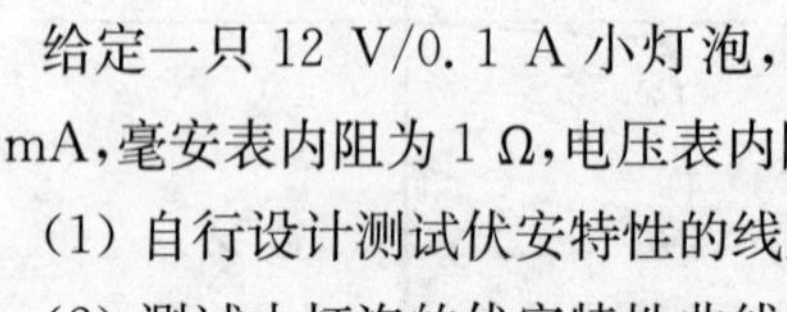

图 4-3-7

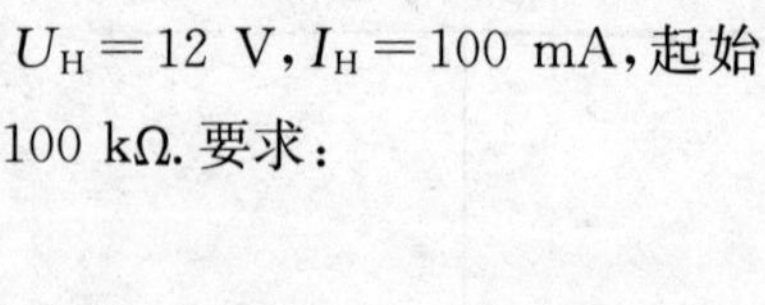

图 4-3-8

② 增大输出电压，使电压表的读数逐渐增大，观察加在二极管上电压随电流变化的现象，通过观察确定测量范围，即电压与电流的调节范围.

③ 测定二极管的正向特性曲线，不应等间隔的取点，即电压的测量值不应等间隔地取，而是在电流变化缓慢区间，电压间隔取得疏一些，在电流变化迅速区域，电压间隔取得密一些. 如测试的 2CP15 型稳压管，电压在 0～0.7 V 区间取 3～5 个点即可.

(3) 测定二极管的反向特性

① 将二极管反接；

② 定性观察被测二极管的反向特性.

4. 测量稳压管的伏安特性

(1) 稳压管伏安特性测定的实验电路

实验电路如图 4-3-9 所示. E 为 0～20 V 可调电源，R 为限流电阻器.

(2) 测定稳压管的正向特性

① 按图 4-3-10 连接电路，R 阻值调到最大，可调稳压电源的输出为零.

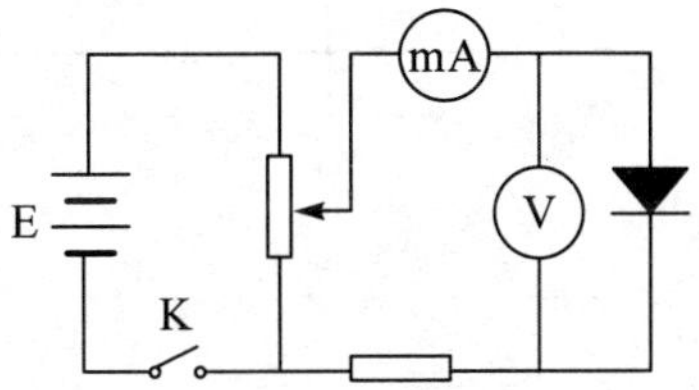

图 4-3-9

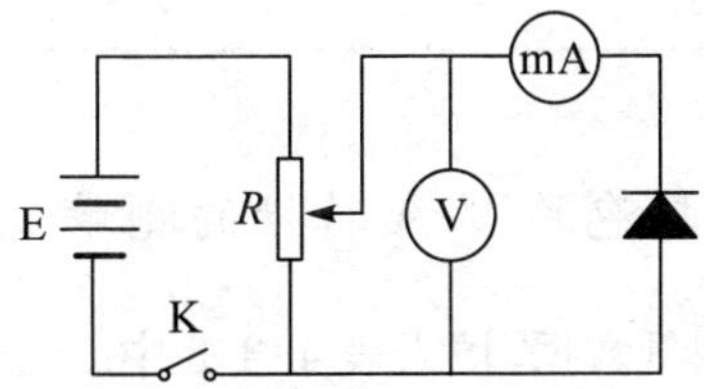

图 4-3-10

② 增大输出电压，使电压表的读数逐渐增大，观察加在稳压管上电压随电流变化的现象，通过观察确定测量范围，即电压与电流的调节范围.

③ 测定稳压管的正向特性曲线，不应等间隔地取点，即电压的测量值不应等间隔地取，而是在电流变化缓慢区间，电压间隔取得疏一些，在电流变化迅速区域，电压间隔取得密一些. 如测试的 2CW14 型稳压管，电压在 0～0.7 V 区间取 3～5 个点即可.

(3) 测定稳压管的反向特性

① 将稳压管反接；

② 定性观察被测稳压管的反向特性，通过观察确定测试反向特性时电压的调节范围(即该型号稳压管的最大工作电流 $I_{z\max}$ 所对应的电压值)；

③ 测试反向特性,同样在电流变化迅速区域,电压间隔取得密一些.

【实验数据及处理】

1. 金属膜电阻 V-A 特性的测量

内接法:数据填入表 4-3-1 中.

表 4-3-1

电压(V)								
电流(mA)								

外接法:数据填入表 4-3-2 中.

表 4-3-2

电压(V)								
电流(mA)								

2. 小灯泡的 V-A 特性的测量

根据测量数据,填入表 4-3-3 中.

表 4-3-3

电压(V)								
电流(mA)								

3. 普通二极管的 V-A 特性的测量

正向特性:数据填入表 4-3-4 中.

表 4-3-4

电压(V)								
电流(mA)								

表 4-3-5 中.

表 4-3-5

4.

正向

表 4-3-6

电压(V)								
电流(mA)								

反向特性:数据　中.

表 4-3-7

电压(V)								
电流(mA)								

【注意事项】

(1) 使用电源时要防止短路,接通和断开电路前应使输出为零,然后再慢慢微调.

(2) 测定金属膜电阻的伏安特性时,所加电压不得使电阻超过额定输出功率.

(3) 测定稳压管伏安特性曲线时,不应超过其最大稳定电流 I_{zmax}.

【思考题】

(1) 伏安法测量电阻的接入误差是由什么因素引起的? 电阻的伏安特性曲线的斜率表示什么?

(2) 实验时,用电流表、电压表测 30 Ω、2 kΩ、1 MΩ 电阻时,应采用哪种线路?

4-4 电位差计测电动势

电位差计是利用补偿原理和比较法精确测量直流电位差或电源电动势的常用仪器,它准确度高、使用方便,测量结果稳定可靠,还常被用来精确地间接测量电流、电阻和校正各种精密电表. 在现代工程技术中电子电位差计还广泛用于各种自动检测和自动控制系统中. 线式电位差计是一种教学型板式电位差计,通过对它的解剖式结构的了解,同学们就可以更好地掌握电位差计的基本工作原理和操作方法.

【实验目的】

(1) 了解电位差计的结构,正确使用电位差计;

(2) 理解电位差计的工作原理——补偿原理;

(3) 掌握线式电位差计测量电池电动势的方法;

(4) 熟悉指针式检流计的使用方法.

【实验仪器】

板式电位差计、检流计、滑线变阻器、电阻箱、标准电池、待测电池、稳压电源、单刀开关、单刀(双刀)双掷开关.

电位差计实物图如图 4-4-1 所示.

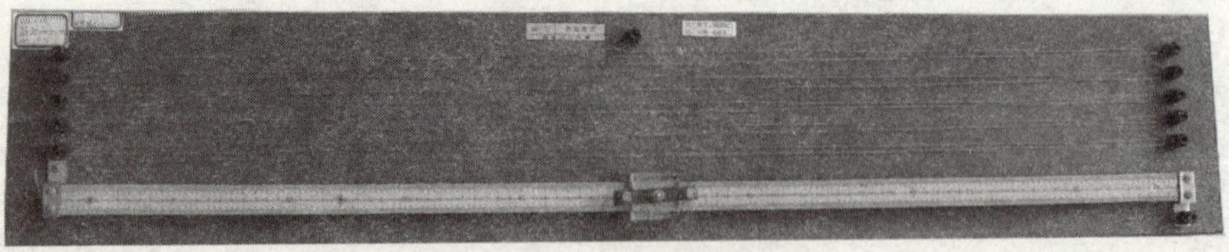

图 4-4-1 电位差计实物图

【实验原理】

电源的电动势在数值上等于电源内部没有净电流通过时两极件的电压.如果直接用电压表测量电源电动势,其实测量结果是端电压,不是电动势.因为将电压表并联到电源两端,就有电流 I 通过电源的内部.由于电源有内阻 R_0,在电源内部不可避免地存在电位降 IR_0,因而电压表的指示值只是电源的端电压($U=E-IR_0$)的大小,它小于电动势.显然,为了能够准确地测量电源的电动势,必须使通过电源的电流 I 为零.此时,电源的端电压 U 才等于其电动势 E.怎样才能使电源内部没有电流通过而又能测定电源的电动势呢?

1. 补偿原理

如图 4-4-2 所示,把电动势分别为 E_s、E_x 的电源和检流计 G 联成闭合回路.当 $E_s \rightarrow E_x$ 方向时,电流方向如图所示,检流计指针偏向一边.当 $E_s > E_x$ 时,电流方向与图示方向相反,检流计指针偏向另一边.只有当 $E_s=E_x$ 时,回路中才没有电流,此时 $i=0$,检流计指针不偏转,我们称这两个电动势处于补偿状态.反过来说,若 $i=0$,则 $E_s=E_x$.

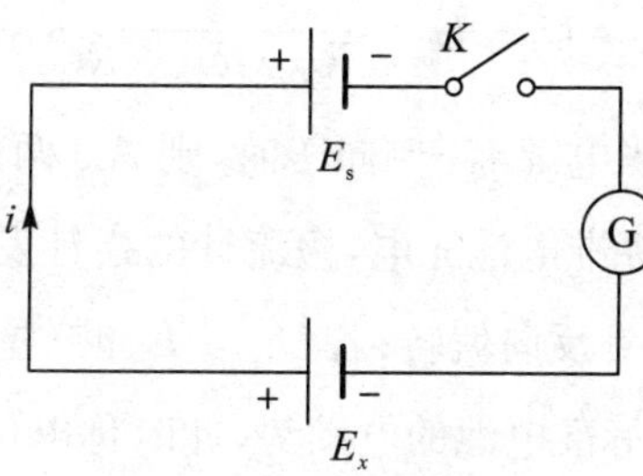

图 4-4-2　补偿电路

2. 电位差计的工作原理

如图 4-4-3 所示,AB 为一根粗细均匀的电阻丝,它与滑线变阻器 R_p 及工作电源 E、电源开关 K_1 组成的回路称作工作回路,由它提供稳定的工作电流 I_0;由待测电源 E_x、检流计 G、电阻丝 CD 构成的回路 CGE_xK_2D 称为测量回路;由标准电

源 E_s、检流计 G、电阻丝 CD 构成的回路 CGE_sK_2D 称为定标(或校准)回路. 滑线变阻器 R_p 用来调节工作电流 I_0 的大小,电流 I_0 的变化可以改变电阻丝 AB 单位长度上电位差 U_0 的大小. C、D 为 AB 上的两个活动接触点,可以在电阻丝上移动,以便从 AB 上取适当的电位差来与测量支路上的电位差(或电动势补偿).

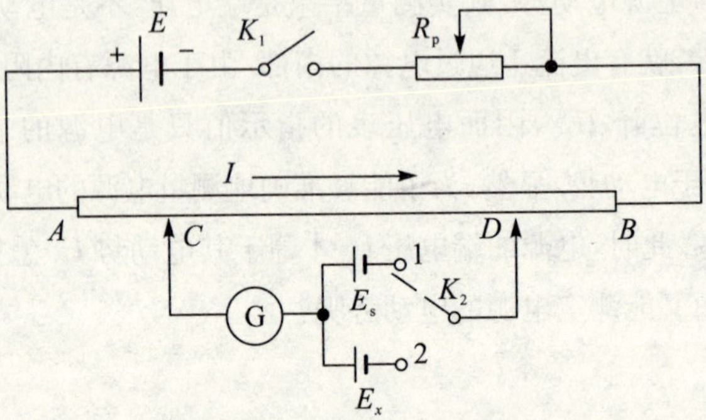

图 4-4-3　电位差计原理图

当电键 K_1 接通,K_2 既不与 E_x 接通、又不与 E_s 接通时,流过 AB 的电流 I_0 和 CD 两端的电压分别为

$$I_0=\frac{E}{R_p+R_{AB}+R} \tag{4-4-1}$$

$$U_{CD}=U_C-U_D=\frac{E}{R_p+R_{AB}+R}R_{CD} \tag{4-4-2}$$

式中,R 为电源 E 的内阻. 当电键 K_2 倒向 1 时,则 AB 两点间接有标准电源 E_s 和检流计 G. 若 $U_{CD}>E_s$ 时,标准电池充电,检流计的指针发生偏转;若 $U_{CD}<E_s$ 时,标准电池放电,检流计的指针反向偏转;若 $U_{CD}=E_s$ 时,检流计的指针指零,标准电池无电流流过,则 U_{CD} 就是标准电池的电动势,此时称电位差计达到了平衡. 令 C、D 两点间长度为 l_s,因为电阻丝各处粗细均匀、电阻率都相等,则电阻丝单位长度上的电压降为 E_s/l_s.

(1) 电位差计的定标

我们把调整工作电流 I_0 使单位长度电阻丝上电位差为 U_0 的过程称为电位差计定标. 为了能相当精确地测量出未知的电动势或电压,一般采用标准电池定标法.

图 4-4-3 中电键 K_2 倒向 1 时接通 CGE_sK_2D 回路,称之为定标(或校准)回

路. 实验室常用的标准电池的电动势为 $E_s=1.0186\ \mathrm{V}$, U_0 可先选定, 例如, 若选定每单位长度(m)电阻丝上的电位差为 $U_0=0.2000\ \mathrm{V}$, 则应使 C、D 两点之间的电阻丝长度为

$$l_s=\frac{E_s}{U_0}=\frac{1.0186}{0.2000}=5.0930\ (\mathrm{m}) \tag{4-4-3}$$

然后调节滑线变阻器 R_p, 用以调整工作电流 I_0, 使 C、D 上的电位差 U_{CD} 和 E_s 相互补偿, 使电位差计达到平衡. 经过这样调节后, 每单位长度电阻丝上的电位差就确定为 0.2000 V, 即 $U_0=0.2000\ \mathrm{V}$. 此时电位差计的定标工作就算完成. 经过定标的电位差计可以用来测量不超过 U_{AB} 的电动势(或电压).

(2) 测量

在保证工作电流 I_0 不变的条件下, 将 K_2 拨向 2, 则 C、D 两点间的 E_s 换接了待测电源 E_x, 由于一般情况下 $E_s\neq E_x$, 因此检流计的指针将左偏或右偏, 电位差计失去了平衡. 此时如果合理移动 C 和 D 点的位置以改变 U_{CD}, 当 $U_{CD}=E_x$ 时, 电位差计又重新达到平衡, 使检流计 G 的指针再次指零. 令 C、D 两点间的距离为 l_x, 则待测电池的电动势为

$$E_x=\left(\frac{E_s}{l_s}\right)\cdot l_x \tag{4-4-4}$$

而电位差计定标后单位长度上电位差为 $U_0=E_s/l_s$(U_0 可在实验前先选定),
则有

$$E_x=U_0 l_x$$

所以, 调节电位差计平衡后, 只要准确量取 l_x 值就很容易得到待测电源的电动势. 这就是用补偿法测电源电动势的原理.

板式电位差计如图 4-4-4 所示, AB 为粗细均匀的电阻线, 全长为 11 m, 往复绕在木板 0,1,2,…,10 的 11 个接线插孔上, 每两个插孔间电阻线长 1 m, 剩余的 1 m 电阻线 OB 下面固定一根标有毫米刻度的米尺. 利用插头 C 选插在 0～10 号插孔中任意一个位置, 接头 D 在 OB 上滑动, 接头 C、D 间电阻线长度在 0～11 m 范围内连续可调. 例如, 要取接头 C、D 间电阻线长度为 5.0930 m, 可将 C 插在插孔"5"中, 滑键 D 的触头按在米尺 0.0930 m 处. 这时接头 C、D 之间的电阻线长即为所求.

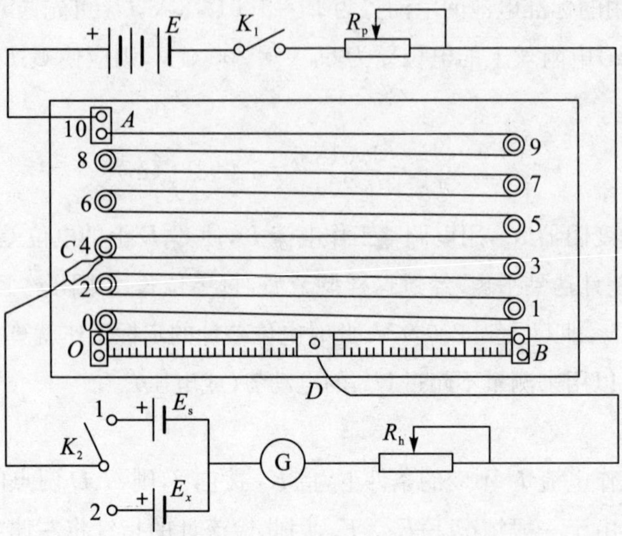

图 4-4-4 板式电位差计原理图

【实验内容】

(1) 测量前的准备

观察、熟悉仪器装置后，按图 4-4-4 连接好电路，各开关 K_1、K_2 处于断开位置. 工作电源 E 用直流稳压电源，R_h 为保护电阻，用以保护标准电池和检流计，R_p 为滑线变阻器，E_s 为标准电源，E_x 为待测电源，G 为检流计. 注意工作电源 E 的正负极应与标准电池 E_s 和待测电池 E_x 的正负极相对应，不能接错. 保护电阻 R_h、滑线变阻器 R_p 均置于阻值最大的位置.

(2) 给电位差计定标

选定电阻丝单位长度上的压降 U_0 值，计算出 l_s. 将 K_2 倒向“1”，“C”插入适当的插孔，调节“D”，使 CD 间电阻丝长度等于 l_s. 然后接通 K_1，改变滑线变阻器 R_p 使工作电流 I_0 慢慢增大，同时断续按下滑动触头“D”，直到 G 的指针不偏转. 然后将 R_h 滑动端移动到阻值为零位置，再次细调 R_p，并断续按下触头“D”，使 G 的指针不偏转，此时电阻丝每单位长度上的电位差为 U_0，电位差计定标完毕. 这时，断开 K_1，将保护电阻 R_h 的滑动端恢复到阻值最大位置.

(3) 测量电源电动势

粗调：K_2 倒向“2”，估算 l_x 大约应取的长度，将“C”插入适当的插孔.

细调：接通 K_1，移动滑动键并断续按下滑动触头，到 G 的指针基本不偏转为止.

该步骤采用先找到 G 的指针向相反方向偏转的两个状态，然后用逐渐逼近的方法可以迅速找到平衡点.

微调：使保护电阻 R_h 的取值为零，微调触点 D 的位置，调至完全平衡，记录 l_x 的长度.

（4）计算 E_x 的值，公式如下：

$$E_x = U_0 l_x$$

（5）重复步骤（2）、（3）进行 5 次测量，测量数据计入表格. 测量定标时可将 U_0 改为其他值.

【数据记录及处理】

（1）记下实验所用标准电池的电动势 E_s 和定标后的 U_0.

$E_s=$____________，　$U_0=$____________

（2）数据填入表 4-4-1 中.

表 4-4-1

测量次数	电阻丝长度 l_x	待测电动势 E_x	$\bar{E}_x$
1			
2			
3			
4			
5			

（3）分析指出用板式电位差计测未知电动势的系统误差所在.

【注意事项】

（1）检流计不能通过较大电流，因此，在 C、D 接入时，电键 D 按下的时间应尽量短.

(2) 接线时,所有电池的正、负极不能接错,否则补偿回路不可能调到补偿状态.

(3) 标准电池应防止震动、倾斜等,通过的电流不允许大于 5 μA,严禁用电压表直接测量它的端电压,实验时接通时间不宜过长,更不能短路.

【思考题】

(1) 电位差计是利用什么原理制成的?

(2) 实验中,若发现检流计总是偏向一边,无法调平衡,试分析可能的原因有哪些?

(3) 如果任你选择一个阻值已知的标准电阻,能否用电位差计测量一个未知电阻? 试写出测量原理,绘出测量电路图.

4-5 EE1640C 型函数信号发生器

【实验目的】

(1) 熟悉 EE1640C 型函数信号发生器的面板,以及面板上各个按钮的功用;

(2) 会使用 EE1640C 型函数信号发生器输出各种信号并能读出读数.

【实验仪器】

示波器、EE1640C 型函数信号发生器/计数器、电源线、导线若干.

【实验原理】

EE1640C 型函数信号发生器整机电路由一片单片机进行管理,主要工作为:控制函数发生器产生的频率;控制输出信号的波形;测量输出的频率或测量外部输入的频率并显示;测量输出信号的幅度并显示;控制输出单次脉冲.

(1) 函数信号由专用的集成电路产生,该电路集成度大,线路简单、精度高并易于与微机连接,使得整机指标得到可靠保证.

(2) 扫描电路由多片运算放大器组成,以满足扫描宽度、扫描速率的需要.宽带直流功放电路的选用,保证输出信号的带负载能力以及输出信号的直流电平偏移,均可受面板电位器控制.

(3) 整机电源采用线性电路以保证输出波形的纯净性,具有过压、过流、过热保护.

【实验内容】

EE1640C 型函数信号发生器/计数器整体外观如图 4-5-1 所示.

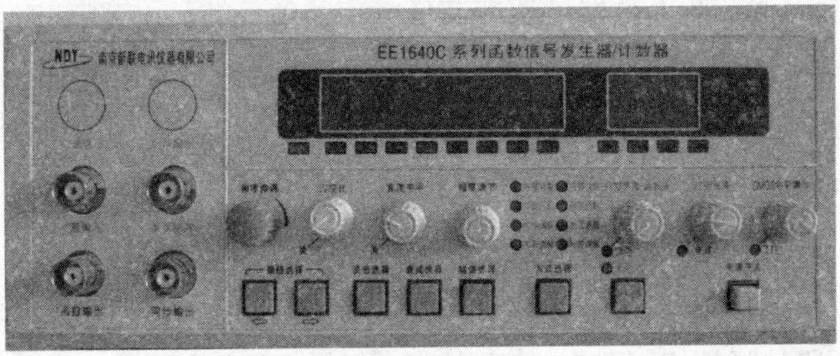

图 4-5-1

其中各按键和旋钮功能如下(如图 4-5-2 所示):

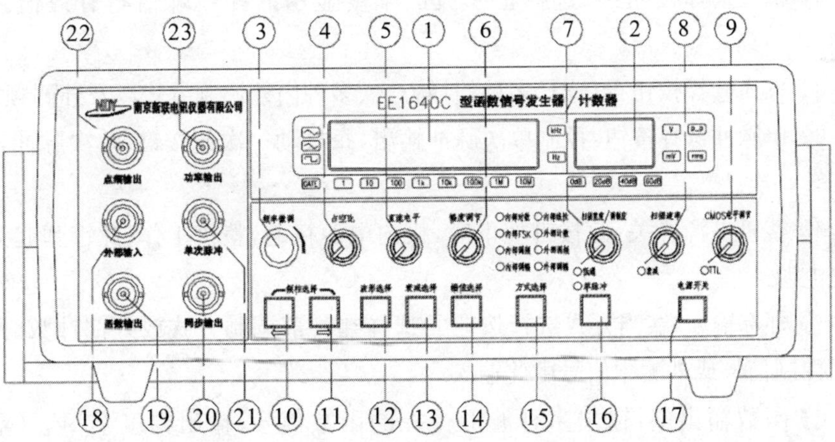

图 4-5-2

① 频率显示窗口:显示输出信号的频率或外测频信号的频率.

② 幅度显示窗口:显示函数输出信号的幅度.

③ 频率微调电位器:调节此旋钮可改变输出频率的1个频程.

④ 输出波形占空比调节旋钮:调节此旋钮可改变输出信号的对称性,当电位器处在中心位置时,则输出对称信号.

⑤ 函数信号输出信号直流电平调节旋钮:调节范围:−10~+10 V(空载),−5~+5 V(50 Ω负载),当电位器处在中心位置时,则为0电平.

⑥ 函数信号输出幅度调节旋钮:调节范围20 dB.

⑦ 扫描宽度/调制度调节旋钮:调节此电位器可调节扫频输出的频率宽度.在外测频时,逆时针旋到底(绿灯亮),为外输入测量信号经过低通开关进入测量系统.在调频时调节此电位器可调节频偏范围,调幅时调节此电位器可调节调幅调制度,FSK调制时调节此电位器可调节高低频率差值,逆时针旋到底时为关调制.

⑧ 扫描速率调节旋钮:调节此电位器可以改变内扫描的时间长短.在外测频时,逆时针旋到底(绿灯亮),为外输入测量信号经过衰减"20 dB"进入测量系统.

⑨ CMOS电平调节旋钮:调节此电位器可以调节输出的CMOS的电平.当电位器逆时针旋到底(绿灯亮)时,输出为标准的TTL电平.

⑩ 左频段选择按钮:每按一次此按钮,输出频率向左调整一个频段.

⑪ 右频段选择按钮:每按一次此按钮,输出频率向右调整一个频段.

⑫ 波形选择按钮:可选择正弦波、三角波、脉冲波输出.

⑬ 衰减选择按钮:可选择信号输出的0 dB、20 dB、40 dB、60 dB衰减的切换.

⑭ 幅值选择按钮:可选择正弦波的幅度显示的峰−峰值与有效值之间的切换.

⑮ 方式选择按钮:可选择多种扫描方式、多种内外调制方式以及外测频方式.

⑯ 单脉冲选择按钮:控制单次脉冲输出,每按动一次此按键,单次脉冲输出电平翻转一次.

⑰ 整机电源开关:此按键按下时,机内电源接通,整机工作;此键弹起为关掉整机电源.

⑱ 外部输入端:当方式选择按钮⑮选择在外部调制方式或外部计数时,外部调制控制信号或外测频信号由此输入.

⑲ 函数输出端:输出多种波形受控的函数信号,输出幅度20 V_{pp}(空载),10 V_{pp}(50 Ω负载).

⑳ 同步输出端：当 CMOS 电平调节旋钮⑨逆时针旋到底，输出标准的 TTL 幅度的脉冲信号，输出阻抗为 600 Ω；当 CMOS 电平调节旋钮打开，则输出 CMOS 电平脉冲信号，高电平在 5～13.5 V 可调.

㉑ 单次脉冲输出端：单次脉冲输出由此端口输出.

㉒ 点频输出端(选件)：提供 50 Hz 的正弦波信号.

㉓ 功率输出端(选件)：提供大于等于 10 W 的功率输出.

【数据记录与处理】

例 1　输出标准的 TTL 幅度的脉冲信号(如图 4-5-3 所示).

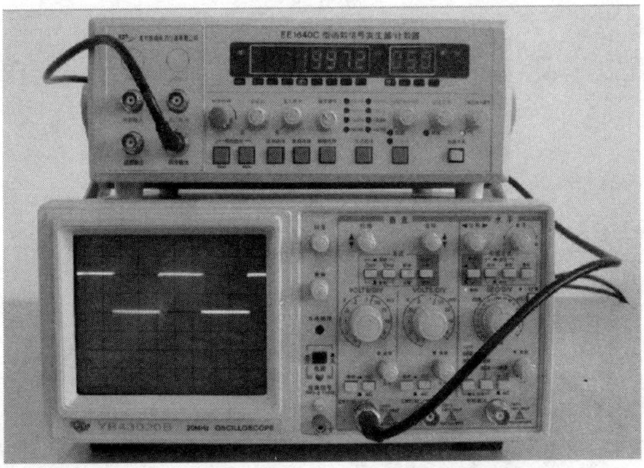

图 4-5-3

实验步骤：

(1) 选择同步输出端，CMOS 电平调节旋钮逆时针旋到底；

(2) 示波器显示读数 $V_{pp}=(2\ V/DIV)\cdot 2\ DIV=4\ V$. 其中，DIV 为偏转格数，V/DIV 即伏/格.

例 2　输出叠加了 1 V 直流电压的 $f=2$ kHz，$V_{pp}=5$ V 的正弦波(如图 4-5-4 所示).

实验步骤：

(1) 选择正弦波形，调整频率为 2 kHz，幅度 V_{pp} 为 5 V；

(2) 选择函数输出端，接入示波器 CH1 通道，波形显示如下，其中 CH2 接地，显示地线；

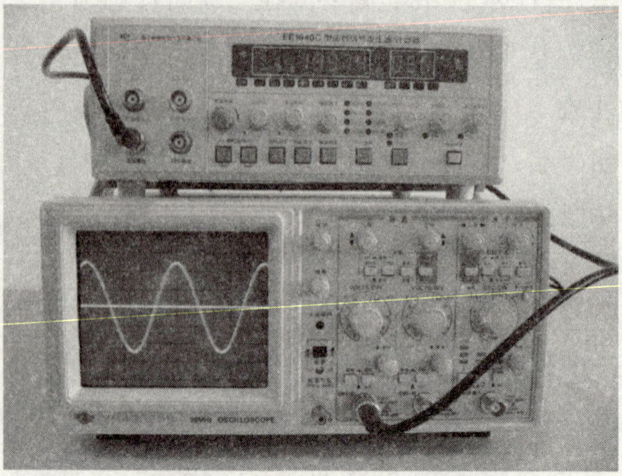

图 4-5-4

(3) 打开直流电平旋钮,加入 1 V 直流电压,示波器耦合方式选择 DC,波形提升(如图 4-5-5 所示).

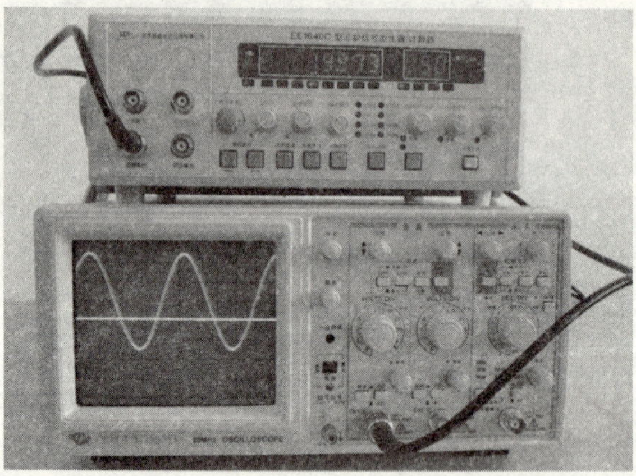

图 4-5-5

【注意事项】

(1) 本仪器采用大规模集成电路,修理时禁用二芯电源线的电烙铁,校准测试时,测量仪器或其他设备的外壳应接地良好,以免意外损坏.

(2) 在更换保险丝时严禁带电操作,必须将电源线与交流市电电源切断,以保证人身安全.

(3) 维护修理时,一般先排除直观故障,如断线、碰线、器件倒伏、接插件脱落等可视损坏故障.然后根据故障现象按工作原理初步分析出故障电路的范围,再以必要的手段来对故障电路进行静态、动态检查,查出确切故障后按实际情况处理,使仪器恢复正常运行.

(4) 重大故障及严重损坏应与生产厂家联系或技术咨询,必要时返回工厂修理.

【思考题】

(1) 当函数信号器没有同步输出该如何处理?

(2) 当函数信号器没有CMOS输出信号该如何处理?

(3) 当函数信号器主函数无输出如何处理?

(4) 当函数信号器单脉冲无输出如何处理?

(5) 当函数信号器不测频如何处理?

(6) 当函数信号器输出信号不衰减如何处理?

(7) 当函数信号器输出信号倾斜度显示不对如何处理?

4-6　模拟示波器的使用

【实验目的】

(1) 了解示波器的结构和示波器的示波原理;

(2) 掌握示波器的使用方法,学会用示波器观察各种信号的波形;

(3) 学会用示波器测量直流、正弦交流信号电压;

(4) 观察里萨如图,学会测量正弦信号频率的方法.

【实验仪器】

示波器、函数信号发生器、直流稳压电源、万用电表.

【实验原理】

自然界运行着各种形式的正弦波，比如海浪、地震、声波、爆破、空气中传播的声音，或者身体运转的自然节律. 物理世界里，能量、振动粒子和不可见的力无处不在. 即使是光(波粒二象性物质)也有自己的基频，并因为基频的不同呈现出不同的颜色. 通过传感器，这些力可以转变为电信号，以便通过示波器能够进行观察和研究.

有了示波器，科学家、工程师、技术人员、教育工作者和他人能够“观察”随时间变化的事件. 示波器是任何设计、制造或是维修电子设备的必备之物. 当今世界瞬息万变，工程师们需要最好的工具，快速而精确地解决测量疑难. 在工程师看来，面对当今各种测量挑战，示波器自然是满足要求的关键工具. 示波器的用途不仅仅局限于电子领域. 示波器利用信号变换器，适用于各种各样的物理现象. 信号变换器能够响应各种物理激励源，使之转变为电信号，包括声音、机械应力、压力、光、热. 麦克风属于信号变换器，它实现了把声音转变为电信号.

从物理学家到电视维修人员，各种人士都使用示波器. 汽车工程师使用示波器来测量发动机的振动. 医师使用示波器测量脑电波. 示波器的用途是没有止境的.

1. 示波器的基本结构

示波器的型号很多，但其基本结构类似. 示波器主要是由示波管、X 轴与 Y 轴衰减器和放大器、锯齿波发生器、整步电路、电源等几部分组成. 其框图如图4-6-1所示.

(1) 示波管

示波管由电子枪、偏转板、显示屏组成.

电子枪：由灯丝 H、阴极 K、控制栅极 G、第一阳极 A_1、第二阳极 A_2 组成. 灯丝通电发热，使阴极受热后发射大量电子并经栅极孔出射. 这束发散的电子经圆筒状的第一阳极 A_1 和第二阳极 A_2 所产生的电场加速后会聚于荧光屏上一点，称为聚焦. A_1 与 K 之间的电压通常为几百伏特，可用电位器 W_2 调节，A_1 与 K 之间的电压除有加速电子的作用外，主要是达到聚焦电子的目的，所以 A_1 称为聚焦阳极. W_2 即为示波器面板上的聚焦旋钮. A_2 与 K 之间的电压为 1 千多伏以上，可通过电位器 W_3 调节，A_2 与 K 之间的电压除了有聚焦电子的作用外，主要是达到加速电子的作用，因其对电子的加速作用比 A_1 大得多，故称 A_2 为加速阳极. 在有的示

波器面板上设有 W_3，并称其为辅助聚焦旋钮.

在栅极 G 与阳极 K 之间加了一负电压即 $U_K > U_G$，调节电位器 W_1 可改变它们之间的电势差. 如果 G、K 间的负电压的绝对值越小，通过 G 的电子就越多，电子束打到荧光屏上的光点就越亮，调节 W_1 可调节光点的亮度. W_1 在示波器面板上为“辉度”旋钮.

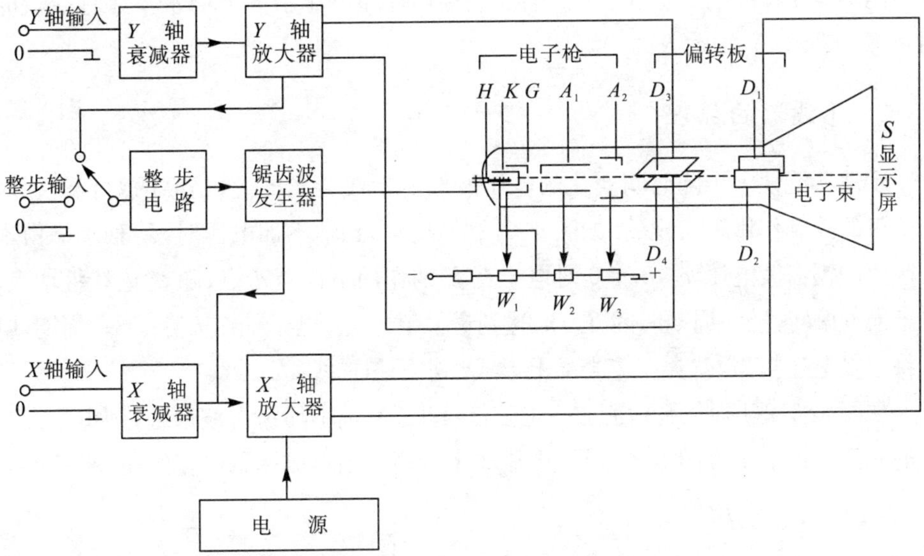

图 4-6-1　示波器的基本结构

偏转板：水平（X 轴）偏转板由 D_1、D_2 组成，垂直（Y 轴）偏转板由 D_3、D_4 组成. 偏转板加上电压后可改变电子束的运动方向，从而可改变电子束在荧光屏上产生的亮点的位置. 电子束偏转的距离与偏转板两极板间的电势差成正比.

显示屏：显示屏是在示波器底部玻璃内涂上一层荧光物质，高速电子打在上面就会发荧光，单位时间打在上面的电子越多，电子的速度越大，光点的辉度也就越大. 荧光屏上的发光能持续一段时间称为余辉时间. 按余辉的长短，示波器分为长、中、短余辉三种.

(2) X 轴与 Y 轴衰减器和放大器

示波管偏转板的灵敏度较低（约为 0.1～1 mm/V），当输入信号电压不大时，荧光屏上的光点偏移很小而无法观测. 因而要对信号电压放大后再加到偏转板上，为此在示波器中设置了 X 轴与 Y 轴放大器. 当输入信号电压很大时，放大器无法正常工作，使输入信号发生畸变，甚至使仪器损坏，因此在放大器前级设置有衰减器. X 轴与 Y 轴衰减器和放大器配合使用,以满足对各种信号观测的要求.

(3) 锯齿波发生器

锯齿波发生器能在示波器本机内产生一种随时间变化类似于锯齿状、频率调节范围很宽的电压波形,称为锯齿波,作为 X 轴偏转板的扫描电压. 锯齿波频率的调节可由示波器面板上的旋钮控制. 锯齿波电压较低,必须经 X 轴放大器放大后,再加到 X 轴偏转板上,使电子束产生水平扫描,即使显示屏上的水平坐标变成时间坐标,来展开 Y 轴输入的待测信号.

2. 示波器的原理

示波器能使一个随时间变化的电压波形显示在荧光屏上,是靠两对偏转板对电子束的控制作用来实现的. 如图 4-6-2(a)所示,Y 轴不加电压时,X 轴加一由本机产生的锯齿波电压 u_x, $u_x=0$ 时电子在 E 的作用下偏至 a 点,随着 u_x 线性增大,电子向 b 偏转,经一周期时间 T_x, u_x 达到最大值 $u_{x\max}$,电子偏至 b 点. 下一周期,电子将重复上述扫描,就会在荧光屏上形成一水平扫描线 ab.

如图 4-6-2(b)所示,Y 轴加一正弦信号 u_y, X 轴不加锯齿波信号,则电子束产生的光点只做上下方向上的振动,电压频率较高时则形成一条竖直的亮线 cd.

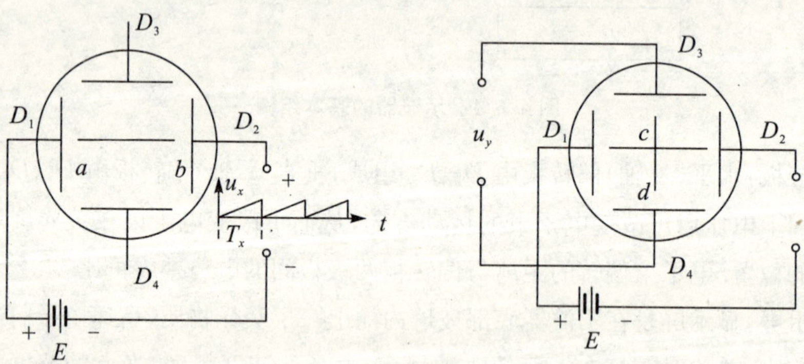

图 4-6-2 两对偏转板对电子束的控制

如图 4-6-3 所示,Y 轴加一正弦电压 u_y, X 轴加上锯齿波电压 u_x,且 $f_x=f_y$,这时光点的运动轨迹是 X 轴和 Y 轴运动的合成. 最终在荧光屏上显示出一完整周期的 u_y 波形.

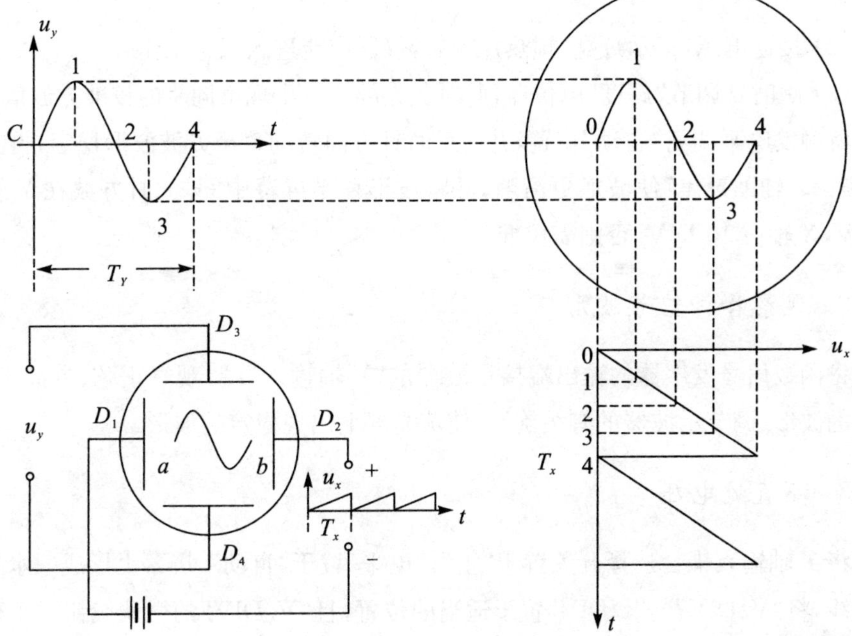

图 4-6-3　示波器的显示原理

3. 整步

从上述分析中可知，要在荧光屏上呈现稳定的电压波形，待测信号的频率 f_y 必须与扫描信号频率 f_x 相等或是其整数倍，即 $f_y=nf_x$（或 $T_x=nT_y$），只有满足这样的条件时，扫描轨迹才是重合的，故形成稳定的波形. 通过改变示波器上的扫描频率旋钮，可以改变扫描频率 f_x，使 $f_y=nf_x$ 条件满足. 但由于 f_x 的频率受到电路噪声的干扰而不稳定，$f_y=nf_x$ 的关系常被破坏，这就要用整步（或称同步）的办法来解决. 即从外面引入一频率稳定的信号（外整步）或者把待测信号（内整步）加到锯齿波发生器上，使其受到自动控制来保持 $f_y=nf_x$ 的关系，从而使荧光屏上获得稳定的待测信号波形.

【实验内容】

1. 调整示波器，观察标准方波波形

(1) 熟悉示波器控制面板上各控制器的作用，并将面板上各控制器置于适当的位置.

(2) 接通电源,指示灯亮.预热片刻后,仪器应能进入正常工作.

(3) 顺时针调节"辉度"电位器,此时荧光屏上会出现不同步的校准方波信号.

将触发电平调离"自动"位置,并向反时针方向转动直至方波波形稳定,再微调"聚焦"和"辅助聚焦"使波形更清晰,并将波形移至屏幕中间.此时方波在 Y 轴占 5 DIV,X 轴占 10 DIV,否则需校准.

2. 观察各种信号波形

将函数信号发生器的输出端接示波器的"Y 轴输入"端,观察正弦、方波、三角波等的波形.调节示波器的有关旋钮,使荧光屏上出现稳定的波形.

3. 测直流电压

将 Y 轴输入耦合选择开关置于"⊥","电平"置于"自动".屏幕上形成一水平扫描基线,将"V/DIV"与"t/DIV"置于适当的位置,且"V/DIV"的微调旋钮置于校准位置,调节 Y 轴位移,使水平扫描基线处于荧光屏上标的某一特定基准(0 伏).

将 Y 轴输入耦合选择开关置于"DC".将一直流信号(由直流稳压电源提供)直接或经 10∶1 衰减探极接入"Y 轴输入"端,然后,调节触发"电平"使信号波形稳定.

观察并记录扫描线与时基线间的格数 b(DIV),读出 Y 轴灵敏度 a(V/DIV),则被测直流电压值为

$$U=a\times b\times c$$

式中,c 为探极的衰减倍数,直接输入或 10∶1 的探极输入时 c 分别为 1 或 10,测三次直流电压值,取其平均值,填入表 4-6-1 中.

4. 测正弦交流电压

将 Y 轴输入耦合选择器置于"AC",根据被测交流信号适当选择"V/DIV"和"t/DIV"挡级,且"V/DIV"的微调旋钮置于"校准"位置.将被测正弦信号直接($c=1$)或通过 10∶1($c=10$)探极输入到"Y 轴输入"端,调节"电平"使波形稳定.

根据屏幕的坐标刻度,读出被测正弦信号的峰－峰值 b(DIV),读出 Y 轴灵敏度 a(V/DIV),则被测正弦信号电压的峰－峰值为

$$U_{pp}=a\times b\times c$$

测三次，取平均值 $\overline{U}_{pp}$，计算出其有效值 $U=\frac{\sqrt{2}}{4}\overline{U}_{pp}$. 填入表 4-6-2 中.

用万用电表测出被测正弦信号的电压值并与示波器测得的有效值进行比较.

5. 测正弦信号的频率，观察里萨如图

方法 A：测时间法(即测周期 T)

将待测正弦信号从 Y 轴输入，适当选择“t/DIV”扫描挡级，且将其微调旋至“校准”位置. 调节“电平”使波形稳定.

读出荧光屏上待测正弦信号的一个波长所占的水平格数 B(DIV)，测三次，取其平均值，填入表 4-6-3 中. 为提高测量精度，应使所选的“t/DIV”挡级能使 B 在屏幕的有效工作面内到达最大限度. 如选择的 X 轴的灵敏度为 A(t/DIV)，则待测信号的周期为：

$$T=A\times B$$

根据公式 $f=\frac{1}{T}$，计算待测正弦信号的频率为

$$f=\frac{1}{A\times B}$$

方法 B：里萨如图法

在示波器 X 轴和 Y 轴同时各输入正弦信号时，光点的运动是两个相互垂直谐振动的合成，若它们的频率的比值 $f_x : f_y=$整数时，合成的轨迹是一个封闭的图形，称为里萨如图. 里萨如图的图形与频率比和两信号的位相差都有关系，但里萨如图与两信号的频率比有如下简单的关系

$$\frac{f_y}{f_x}=\frac{n_x}{n_y}$$

其中，n_x，n_y分别为里萨如图的外切水平线的切点数和外切垂直线的切点数，如图 4-6-5 所示.

因此，如 f_x、f_y中有一个已知且观察它们形成的里萨如图，得到外切水平线和外切垂直线的切点数之比，即可测出另一个信号的频率. 实验时，X 轴输入一频率为 100 Hz 的正弦信号作为标准信号，Y 轴输入一待测信号，调节 Y 轴信号的频率，分别得到三种不同的 $n_x : n_y$的里萨如图，计算出 f_y，读出 Y 轴输入信号发生器的频率 f'_y. 把它们填入表 4-6-4 中，并比较 f_y与 f'_y.

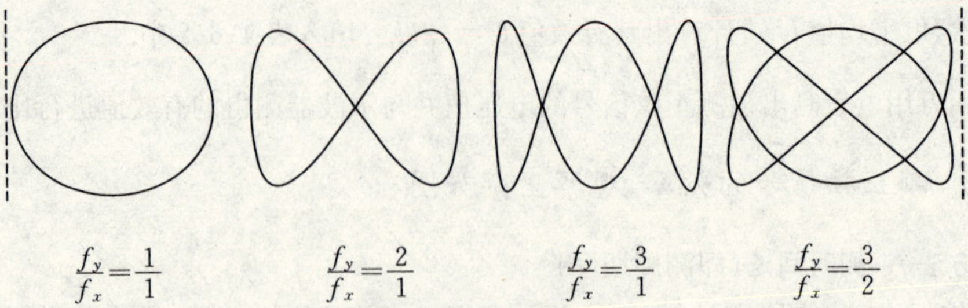

图 4-6-5　里萨如图

【实验数据记录与处理】

表 4-6-1　测直流电压数据

物理量 \ 数据 \ 次数	1	2	3
a(V/DIV)			
c			
b(DIV)			
$U=a\times b\times c$ (V)			
$\overline{U}$(V)			

表 4-6-2　测正弦交流电压数据

物理量 \ 数据 \ 次数	1	2	3
a(V/DIV)			
c			
b(DIV)			
$U_{pp}=a\times b\times c$ (V)			
$\overline{U_{pp}}$(V)			
U(有效值) (V)			
U'(万用电表测量值) (V)			

表 4-6-3　时间法测频率数据

物理量 \ 数据 \ 次数	1	2	3
A(V/DIV)			
B(DIV)			
T(ms)			
$\overline{T}$(ms)			
f (kHz)			

表 4-6-4　里萨如图法测频率

里萨如图	f_x(Hz)(标准信号)	$n_x : n_y$	f_y(Hz)	f_y'(Hz)

【注意事项】

(1) 荧光屏上光点(扫描线)亮度不可调得过亮,并且不可将光点(或亮线)固定在荧光屏上某一点时间过久,以免损坏荧光屏.

(2) 示波器和函数信号发生器上所有开关及旋钮都有一定的调节限度,调节时不能用力太猛.

(3) 双踪示波器的两路输入端 Y_1、Y_2 有一公共接地端,同时使用 Y_1 和 Y_2 时,接线时应防止将外电路短路.

【思考题】

(1) 用示波器观察波形时,如荧光屏上什么也看不到,会是哪些原因,实验中应怎样调出其波形?

(2) 用示波器观察波形时,示波器上的波形移动不稳定,为什么?应调节哪几个旋钮使其稳定?

(3) 直流电压测量时，确定其水平扫描基线时，为什么 Y 轴输入耦合选择开关要置于“⊥”?

(4) 某同学用示波器测量正弦交流电压，与用万用电表测量值相差很大，试分析是什么原因?

(5) 观察里萨如图时，两相互垂直的正弦信号频率相同时，图上的波形还在不停地转动，为什么?

(6) 如 T_x 略大于 T_y，观察到的波形向左还是向右移动?

【附录】 实验仪器介绍

模拟示波器的调整和使用方法基本相同，现以 MOS-620/640 双踪示波器为例介绍如下：

1. MOS-620/640 双踪示波器前面板简介

MOS-620/640 双踪示波器的调节旋钮、开关、按键及连接器等都位于前面板上，如图 4-6-6 所示，其作用如下：

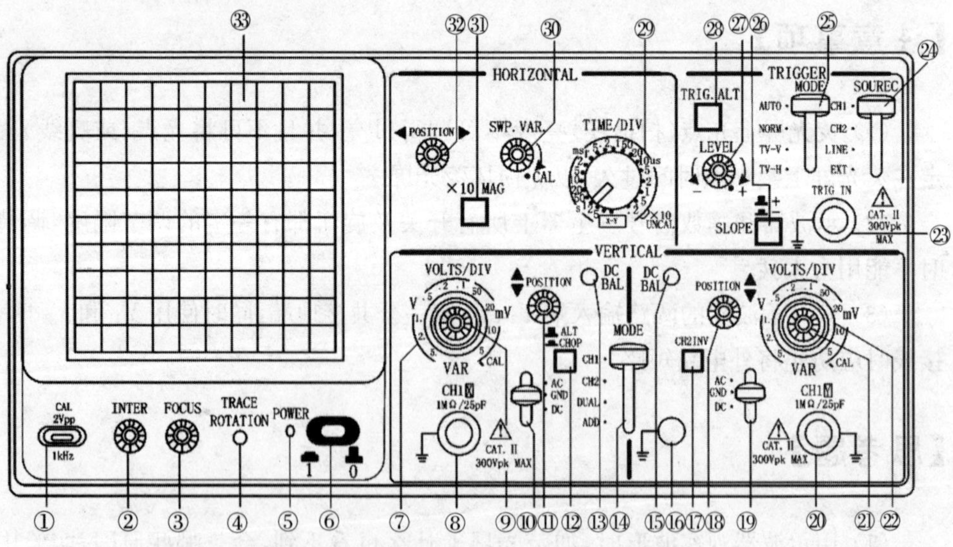

图 4-6-6　MOS-620/640 双踪示波器前面板

(1) 示波管操作部分

② “INTEN”：亮度调节钮. 调节轨迹或光点的亮度.

③ “FOCUS”：聚焦调节钮. 调节轨迹或亮光点的聚焦.

④ “TRACE ROTATION”：轨迹旋转. 调整水平轨迹与刻度线相平行.

⑥ “POWER”：主电源开关及指示灯. 按下此开关，其左侧的发光二极管指示灯⑤亮，表明电源已接通.

㉝ 显示屏. 显示信号的波形.

(2) 垂直轴操作部分

⑦、㉒ “VOLTS/DIV”：垂直衰减钮. 调节垂直偏转灵敏度，从 5 mV/DIV～5 V/DIV，共 10 个挡位.

⑧ “CH1 $\boxed{X}$”：通道 1 被测信号输入连接器. 在 $X-Y$ 模式下，作为 X 轴输入端.

⑳ “CH2 $\boxed{Y}$”：通道 2 被测信号输入连接器. 在 $X-Y$ 模式下，作为 Y 轴输入端.

⑨、㉑ “VAR”垂直灵敏度旋钮：微调灵敏度大于或等于 1/2.5 标示值. 在校正(CAL)位置时，灵敏度校正为标示值.

⑩、⑲ “AC-GND-DC”：垂直系统输入耦合开关. 选择被测信号进入垂直通道的耦合方式. “AC”：交流耦合；“DC”：直流耦合；“GND”：接地.

⑪、⑱ “POSITION”：垂直位置调节旋钮. 调节显示波形在荧光屏上的垂直位置.

⑫ “ALT”/“CHOP”：交替/断续选择按键，双踪显示时，放开此键(ALT)，通道 1 与通道 2 的信号交替显示，适用于观测频率较高的信号波形；按下此键(CHOP)，通道 1 与通道 2 的信号同时断续显示，适用于观测频率较低的信号波形.

⑬、⑮ “DC BAL”：CH1、CH2 通道直流平衡调节旋钮. 垂直系统输入耦合开关在 GND 时，在 5 mV 与 10 mV 之间反复转动垂直衰减开关，调整“DC BAL”使光迹保持在零水平线上不移动.

⑭ “VERTICAL MODE”：垂直系统工作模式开关. CH1：通道 1 单独显示；CH2：通道 2 单独显示；DUAL：两个通道同时显示；ADD：显示通道 1 与通道 2 信号的代数或代数差(按下通道 2 的信号反向键“CH2 INV”时).

⑰ “CH2 INV”：通道 2 信号反向按键. 按下此键，通道 2 及其触发信号同时反向.

(3) 触发操作部分

㉓ “TRIG IN”:外触发输入端,用于输入外部触发信号.当使用该功能时,“SOURCE”开关应设置在 EXT 位置.

㉔ “SOURCE”:触发源选择开关.“CH1”:当垂直系统工作模式开关⑭设定在 DUAL 或 ADD 时,选择通道 1 作为内部触发信号源;“CH2”:当垂直系统工作模式开关⑭设定在 DUAL 或 ADD 时,选择通道 2 作为内部触发信号源;“LINE”:选择交流电源作为触发信号源;“EXT”:选择“TRIG IN”端输入的外部信号作为触发信号源.

㉕ “TRIGGER MODE”:触发方式选择开关.“AUTO”(自动):当没有触发信号输入时,扫描处在自由模式下;“NORM”(常态):当没有触发信号输入时,踪迹处在待命状态并不显示;“TV-V”(电视场):当想要观察一场的电视信号时;“TV-H”(电视行):当想要观察一行的电视信号时.

㉖ “SLOPE”:触发极性选择按键.释放为“+”,上升沿触发;按下为“-”,下降沿触发.

㉗ “LEVEL”:触发电平调节旋钮.显示一个同步的稳定波形,并设定一个波形的起始点.向“+”旋转触发电平向上移,向“-”旋转触发电平向下移.

㉘ “TRIG. ALT”:当垂直系统工作模式开关⑭设定在 DUAL 或 ADD,且触发源选择开关㉔选 CH1 或 CH2 时,按下此键,示波器会交替选择 CH1 和 CH2 作为内部触发信号源.

(4) 水平轴操作部分

㉙ “TIME/DIV”:水平扫描速度旋钮.扫描速度从 0.2 μs/DIV 到 0.5 s/DIV 共 20 挡.当设置到 $\boxed{X-Y}$ 位置时,示波器可工作在 $X-Y$ 方式.

㉚ “SWP VAR”:水平扫描微调旋钮.微调水平扫描时间,使扫描时间被校正到与面板上“TIME/DIV”指示值一致.顺时针转到底为校正(CAL)位置.

㉛ “×10 MAG”:扫描扩展开关.按下时扫描速度扩展 10 倍.

㉜ “POSITION”:水平位置调节钮.调节显示波形在荧光屏上的水平位置.

(5) 其他操作部分

① “CAL”:示波器校正信号输出端.提供幅度为 2 V_{pp},频率为 1 kHz 的方波信号,用于校正 10∶1 探头的补偿电容器和检测示波器垂直与水平偏转因数等.

⑯ “GND”:示波器机箱的接地端.

2. 双踪示波器的正确调整与操作

示波器的正确调整和操作对于提高测量精度和延长仪器的使用寿命十分重要.

(1) 聚焦和辉度的调整

调整聚焦旋钮使扫描线尽可能细,以提高测量精度.扫描线亮度(辉度)应适当,过亮不仅会降低示波器的使用寿命,而且也会影响聚焦特性.

(2) 正确选择触发源和触发方式

触发源的选择:如果观测的是单通道信号,就应选择该通道信号作为触发源;如果同时观测两个时间相关的信号,则应选择信号周期长的通道作为触发源.

触发方式的选择:首次观测被测信号时,触发方式应设置于“AUTO”,待观测到稳定信号后,调好其他设置,最后将触发方式开关置于“NORM”,以提高触发的灵敏度.当观测直流信号或小信号时,必须采用“AUTO”触发方式.

(3) 正确选择输入耦合方式

根据被观测信号的性质来选择正确的输入耦合方式.一般情况下,被观测的信号为直流或脉冲信号时,应选择“DC”耦合方式;被观测的信号为交流时,应选择“AC”耦合方式.

(4) 合理调整扫描速度

调节扫描速度旋钮,可以改变荧光屏上显示波形的个数.提高扫描速度,显示的波形少;降低扫描速度,显示的波形多.显示的波形不应过多,以保证时间测量的精度.

(5) 波形位置和几何尺寸的调整

观测信号时,波形应尽可能处于荧光屏的中心位置,以获得较好的测量线性.正确调整垂直衰减旋钮,尽可能使波形幅度占一半以上,以提高电压测量的精度.

(6) 合理操作双通道

将垂直工作方式开关设置到“DUAL”,两个通道的波形可以同时显示.为了观察到稳定的波形,可以通过“ALT/CHOP”(交替/断续)开关控制波形的显示.按下“ALT/CHOP”开关(置于CHOP),两个通道的信号断续的显示在荧光屏上,此设定适用于观测频率较低的信号;释放“ALT/CHOP”开关(置于ALT),两个通道的信号交替的显示在荧光屏上,此设定适用于观测频率较高的信号.在双通道显示时,还必须正确选择触发源.当CH1、CH2信号同步时,选择任意通道作为触发源,两个波形都能稳定显示，当 CH1、CH2 信号在时间上不相关时，应按下“TRIG. ALT”(触发交替)开关，此时每一个扫描周期，触发信号交替一次，因而两个通道的波形都会稳定显示.

值得注意的是:双通道显示时，不能同时按下“CHOP”和“TRIG. ALT”开关，因为“CHOP”信号成为触发信号而不能同步显示. 利用双通道进行相位和时间对比测量时，两个通道必须采用同一信号触发.

(7) 触发电平调整

调整触发电平旋钮可以改变扫描电路预置的阀门电平. 向“+”方向旋转时，阀门电平向正方向移动;向“-”方向旋转时，阀门电平向负方向移动;处在中间位置时，阀门电平设定在信号的平均值上. 触发电平过正或过负，均不会产生扫描信号. 因此，触发电平旋钮通常应保持在中间位置.

4-7　电 子 和 场

4-7-1　电子在横向电场作用下的电偏转

【实验目的】

(1) 掌握电子在电场中的运动规律;

(2) 验证电子在不同加速电压 V_2 下，电偏移量 D 与偏转电压 V_d 之间的近似线性关系;

(3) 利用描点法将 D-V_d 在 $X-Y$ 坐标系中描绘出来，并依据直线斜率确定加速电压 V_2 与电偏灵敏度 $\delta_电$ 之间的关系.

【实验仪器】

ZKY-DZC 型电子和场实验仪及其配件(如图 4-7-1、图 4-7-2 所示).

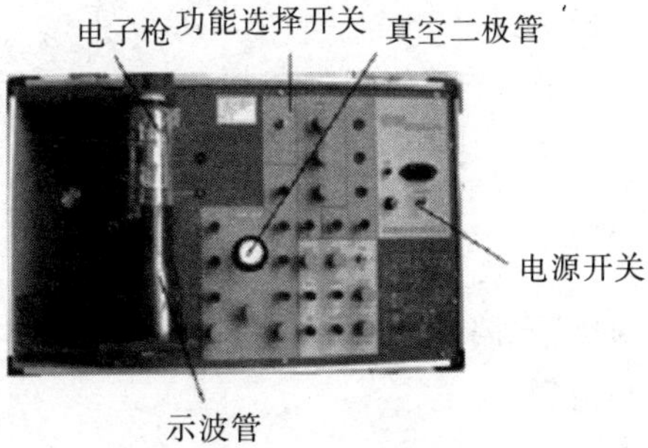

图 4-7-1 电子和场实验仪

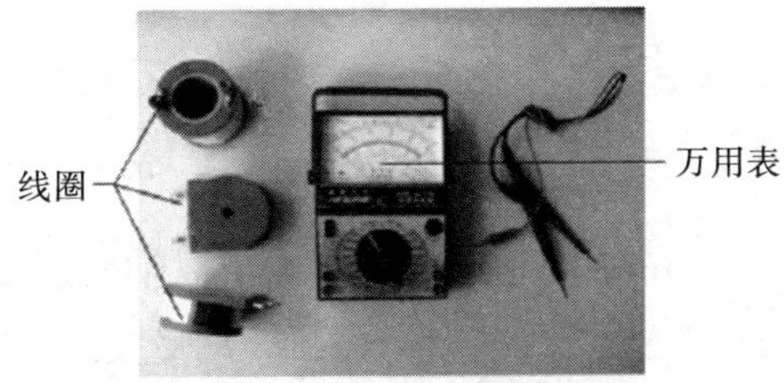

图 4-7-2 配件图

【实验原理】

如图 4-7-1 所示,ZKY-DZC 型电子和场实验仪是为大学物理实验专门设计的教学实验仪器,它主要用于研究和验证电子束在不同的电场和磁场条件下的运动规律.

从电子枪阴极 K 发射出来的电子与加束电压 V_2 之间有如下关系

$$\frac{1}{2}mv_x^2=eV_2 \tag{4-7-1}$$

电子通过加有偏转电压(V_d)的空间,它将获得一个横向速度 v_y,但不改变轴向分量 v_x. 此时电子偏离轴心方向将与 X 轴成一个夹角 θ,如图 4-7-3 所示,而 θ 由下式决定:

$$\tan\theta=\frac{v_y}{v_x} \tag{4-7-2}$$

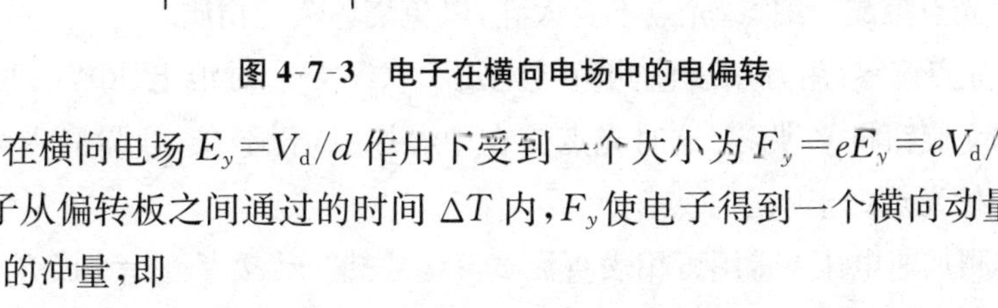

图 4-7-3 电子在横向电场中的电偏转

电子在横向电场 $E_y=V_d/d$ 作用下受到一个大小为 $F_y=eE_y=eV_d/d$ 的横向力. 在电子从偏转板之间通过的时间 ΔT 内,F_y 使电子得到一个横向动量 mv_y,而它等于力的冲量,即

$$mv_y=F_y\cdot\Delta T=\frac{eV_d\Delta T}{d} \tag{4-7-3}$$

于是

$$v_y=\frac{e}{m}\cdot\frac{V_d}{d}\cdot\Delta T \tag{4-7-4}$$

在时间间隔 ΔT 内，电子以轴向速度 v_x 通过距离 l（l 等于偏转板长度），因此 $l=v_x\Delta T$，将 ΔT 代入冲量—动量关系(4-7-4)可得

$$v_y=\frac{e}{m}\cdot\frac{V_d}{d}\cdot\frac{l}{v_x} \tag{4-7-5}$$

这样，偏转角可下式给出

$$\tan\theta=\frac{v_y}{v_x}=\frac{e}{d}\cdot\frac{V_d}{m}\cdot\frac{1}{v_x^2} \tag{4-7-6}$$

把能量关系式(4-7-1)代入上式，最后得到

$$\tan\theta=\frac{V_d}{V_2}\cdot\frac{l}{2d} \tag{4-7-7}$$

上式表明偏转角与偏转电压 V_d 及偏转板长度成正比，与加速电压 V_2 及偏转板间距 d 成反比，由图 4-7-3 知，$D=L\tan\theta$，（L 为偏转板中心到荧光屏的距离）于是有

$$D=L\frac{V_d}{V_2}\cdot\frac{l}{2d}=\delta_{电}\cdot V_d \quad (\delta_{电} \text{ 为电偏灵敏度}) \tag{4-7-8}$$

$$\delta_{电}=\frac{Ll}{2d}\cdot\frac{1}{V_2}$$

【实验内容】

(1) 接插线：A_2 接⊥，$V_d.X_\pm$ 接 X_2，$V_d.Y_\pm$ 接 Y_2.

(2) 灯丝旋钮开关拨向“示波管”一端，接通电源，示波管亮.

(3) 调焦：调节栅压 V_G 旋钮，将辉度控制在适当位置；调节聚焦电压旋钮，使荧光屏上光点聚成一细点，光点不要太亮，以免烧坏荧光物质.

(4) 光点调零：用万用表监测偏转电压 V_d（X_2，Y_2 对地电压），同时调节 $V_d.X_\pm$、$V_d.Y_\pm$ 旋钮将 V_d 调零. 这时光点应在中心原点，若不在，可调整 X 调零（Y 调零）旋钮，使光点处于中心原点.

(5) 测加速电压 V_2：用万用表直流 2 500 V 挡“＋”接 V_2，“－”接 K，调整面板

右上方加速电压旋钮，选择一定的加速电压 V_2.

(6) 测偏转电压 V_d：直流 200 V 挡，“+”接 Y_2，“−”接⊥. 保持加速电压 V_2 及聚焦电压 V_1 不变，调节旋钮 V_d. $Y_\pm$，记录偏转电压 V_d 的数值及对应的电偏量 D（屏前坐标系中光点位置），填入表 4-7-1 中.

(7) 利用所测加速电压 V_2，偏转电压 V_d 及电偏移 D，在 $X-Y$ 坐标纸上描出不同 V_2 下 $D-V_d$ 的关系，并据直线斜率确认 V_2 与电偏灵敏度 $\delta_{电}$ 的反比关系.

【数据记录及处理】

表 4-7-1

V_2	D	0	2	4	6	8
	V_d					
	V_d					
	V_d					

【注意事项】

(1) 接通电源前，先检查接线是否正确，以免损坏仪器；

(2) 决不能能让栅极 G 在零偏压下工作，因为过亮的光点会因为电子做强轰击而使荧光屏过热，导致荧光粉局部损坏；

(3) 应将仪器预热几分钟后再开始实验.

4-7-2　电子在横向磁场作用下的运动(磁偏转)

【实验目的】

(1) 掌握电子在磁场中的运动规律；

(2) 横向磁场中，加不同的加速电压 V_2，描出磁偏量 S 与磁转线圈电流 I_a 的关系图线，验证 S 与 I_a 的正比关系；

(3) 确定磁偏灵敏度 $\delta_{磁}$ 与加速电压 V_2 之间的定量关系.

【实验仪器】

ZKY-DZC 型电子和场实验仪.

【实验原理】

电子束的磁偏转,是指电子束通过磁场时,在洛仑磁力的作用下发生偏转,如图 4-7-4 所示.

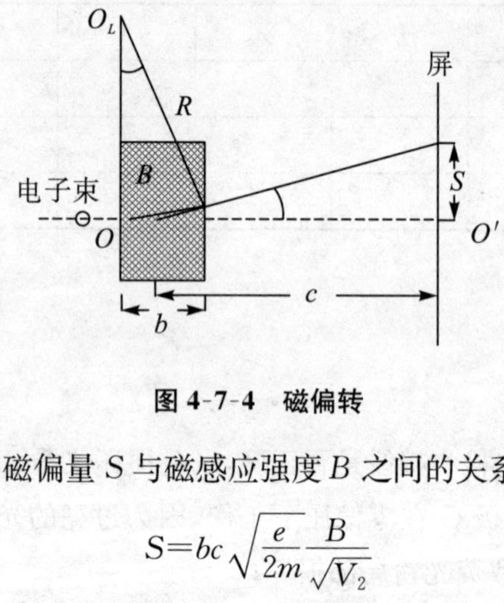

图 4-7-4　磁偏转

据理论分析可知,磁偏量 S 与磁感应强度 B 之间的关系由下式决定

$$S=bc\sqrt{\frac{e}{2m}}\frac{B}{\sqrt{V_2}} \tag{4-7-9}$$

上式中,S 为磁偏量,e 是电子电量绝对值,m 为电子质量. 设磁偏线圈是螺管式的,其单位长度上的线图匝数为 n,磁偏电流为 I_a,K 是与磁介质及螺管几何因素有关的常数,则有

$$S=Knbc\sqrt{\frac{e}{2m}}\frac{I_a}{\sqrt{V_2}}=\delta_{磁}\cdot I_a \tag{4-7-10}$$

$$\delta_{磁}=Knbc\sqrt{\frac{e}{2m}}\frac{1}{\sqrt{V_2}}=\frac{S}{I_a} \tag{4-7-11}$$

由式(4-7-10)和式(4-7-11)可知,光点的偏转位移 S 与偏转磁感应强度 B 成正比线性关系,或者说与磁偏电流成正比关系,而与加速电压平方根成反比线性关系.

【实验内容】

(1) 接插线：A_2 接⊥，测加速电压 V_2：用万用表直流 2 500 V 挡"＋"接 V_2，"－"接 K，调整面板右上方加速电压旋钮，选择一定的加速电压 V_2. 机外直流稳压电源串接毫安表，再接"外供磁场电源"接线柱，两只偏转线圈分别插入示波器两测.

(2) 将外供磁偏电流 I_a 调零，同时调整聚焦旋钮、栅压旋钮，使光点辉度、聚焦良好；

(3) 调整 X、Y 调零旋钮，使光点移至中心原点.

(4) 调节加速电压旋钮，选择一定的加速电压 V_2.

(5) 逐步增大磁偏电流 I_a，记录不同 V_2 下磁偏量 S 及对应 I_a 的数值，填入表 4-7-2(至少三组)中.

(6) 拨动"换向开关". 同第 5 步测量 X、Y 轴反方向数据，并做记录.

(7) 在 $X-Y$ 坐标系中，描出不同 V_2 下 S-I_a 关系图线，并分析直线斜率与加速电压之间的关系.

注　S 可从屏外刻度板读出，I_a 可从串接毫安表上读出. I_a 可通过仪器换向开关换向.

【数据记录及处理】

表 4-7-2

V_2	S	0	2	4	6	8
	I_a					
	I_a					
	I_a					

【注意事项】

(1) 接通电源前，先检查接线是否正确，以免损坏仪器；

(2) 决不能能让栅极 G 在零偏压下工作,因为过亮的光点会因为电子做强轰击而使荧光屏过热,导致荧光粉局部损坏;

(3) 应将仪器预热几分钟后再开始实验.

4-7-3 真空二极管中电子的运动规律

【实验目的】

验证空间电荷限制电流满足二分之三次方定律,并确定此种状态下阳极电压 V_a 的范围.

【实验仪器】

ZKY-DZC 型电子和场实验仪.

【实验原理】

真空二极管基本结构及电路图连接如图 4-7-5 所示,给阴极灯丝通电,则被加热的灯丝向外发射电子.电子一旦脱离阴极成为自由电子,将在阴极和阳极间的电场中加速,并经过阳极及外电路返回阴极.如果阴极和阳极间的电位差比较小,那么发射出来的电子会堆积在阴极附近形成空间电荷.这些负的空间电荷改变了阴极附近的电场,结果倾向于把发射电子退回阴极,随着电位差的增大,处于空间电荷边缘的电子向阳极运动得更快.因此,增进电位差能使空间电荷减少而电流增大,此时电流由空间电荷限制,对于图 4-7-5 所示的简单平面电极结构可以证明电流 I 实际上正比于电位差 V 的二分之三次方.这就是说,对于受空间电荷限制的电流来说

$$I=\text{常数}\cdot V^{3/2} \tag{4-7-12}$$

这个重要的关系式称为朗缪尔－蔡尔德定律.随着 V 的增加,空间电荷逐渐减少,最后不再有空间电荷存在,这时电流完全取决于阴极的发射率,在达到这种状态后,进一步加强 V,I 不再增大.真空二极管的伏安特性(V-I)如图 4-7-6 所示.

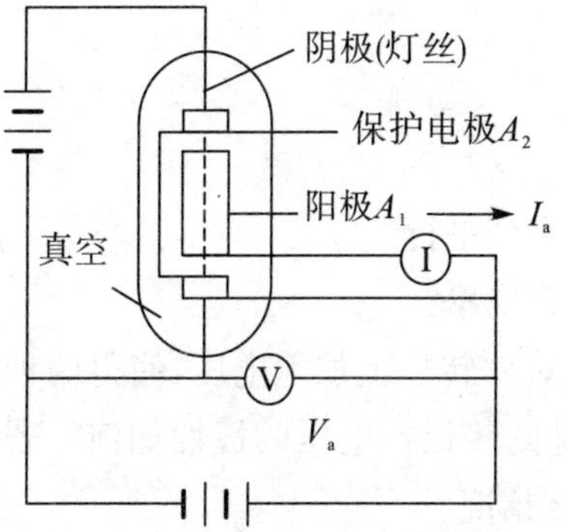

图 4-7-5　线路图

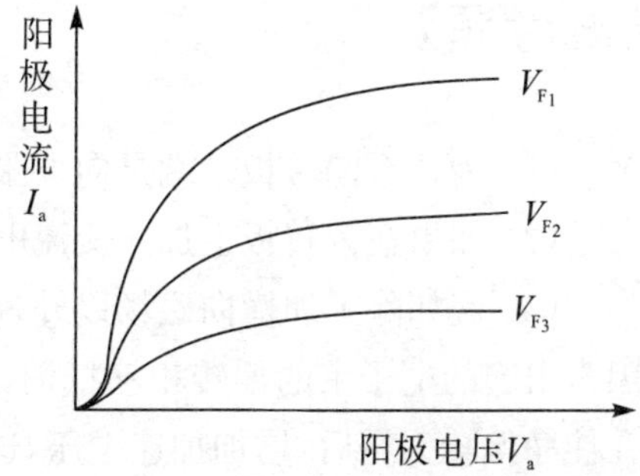

图 4-7-6　电流电压关系图

【实验内容】

(1) 接插线:灯丝中点接⊥;+200 V 接 A_2.

(2) 将灯丝转换开关拨向二极管一边,接通电源,二极管被电量.

(3) 测灯丝电压 V_F:测量标有 F 的两个红色接线柱之间交流灯丝电压 V_F,用交流 50 V 挡.

(4) 串接毫安表测量阳极电流 I_a,"−"接 A_1,"+"接 A_2,选择 20 mA 挡.

(5) 测量阳极电压 V_a,"−"接⊥,"+"接 A_2,用直流 1 000 V 挡.

(6) 改变 V_a,重复 4、5 步,将数据填入表 4-7-3 中.

(7) 以 I_a 为纵坐标,V_a 为横坐标,作不同 V_F 下的伏安特性曲线.

【数据记录及处理】

表 4-7-3

V_F	V_a								
	I_a								
V_F	V_a								
	I_a								

【思考题】

(1) 为什么偏转板末端是向外张开的,而不是完全平行的?

(2) 如果在偏转板上加一交流电压,会出现什么现象?

(3) 假如除了加横向磁场以外,还在其中某一对偏转板上加上电压,使得两种因素引起的电子束的偏转相互抵消,应该利用哪对偏转板?电压的极性如何?若在使净偏转为零后,增加加速电压,这时会发生什么情况?

(4) 电偏转和磁偏转各有什么特点,各自适宜运用于什么场合?

(5) 在电子束的电偏转时若偏转电压 V_d 同时加在 X、Y 偏转电极上,预期光点会随 V_d 作何变化?

(6) 在磁偏转实验时,若外加横向磁场后光点向上移动,这时通过改变 Y 方向的电偏转电压 V_d 使光点的净偏转为零后,再增加 V_2 的加速电压,这时会发生什么情况?

4-8 霍尔效应及其应用

置于磁场中的载流体,如果电流方向与磁场垂直,则在垂直于电流和磁场的方向会产生一附加的横向电场,这个现象是霍普斯金大学研究生霍尔于 1879 年发现的,后被称为霍尔效应.随着半导体物理学的迅速发展,霍尔系数和电导率的测量已成为研究半导体材料的主要方法之一.而且随着电子技术的发展,利用该效应制成的霍尔器件,由于结构简单、频率响应宽(高达 10 GHz)、寿命长、可靠性高等优点,已广泛用于非电量测量、自动控制和信息处理等方面.在工业生产要求自动检测和控制的今天,作为敏感元件之一的霍尔器件,将有更广阔的应用前景.了解这一富有实用性的实验,对日后的工作将有益处.

【实验目的】

(1) 了解霍尔效应的原理;

(2) 学习用"对称测量法"消除负效应的影响;

(3) 确定试样的载流子类型并测定其霍尔系数.

【实验仪器】

TH-H 型霍耳效应实验组合仪(包括测试仪和实验仪).

【实验原理】

霍尔效应从本质上讲是运动的带电粒子在磁场中受洛仑兹力作用而引起的偏转.当带电粒子(电子或空穴)被约束在固体材料中,这种偏转就导致在垂直电流和磁场的方向上产生正负电荷的聚积,从而形成附加的横向电场,即霍尔电场.对于图 4-8-1(a)所示的 N 型半导体试样,若在 X 方向的电极 D、E 上通以电流 I_s,在 Z 方向加磁场 B,试样中载流子(电子)将受洛仑兹力:

$$F_g = e\bar{v}B \tag{4-8-1}$$

其中,e 为载流子(电子)电量,$\bar{v}$为载流子在电流方向上的平均定向漂移速率,B 为磁感应强度.

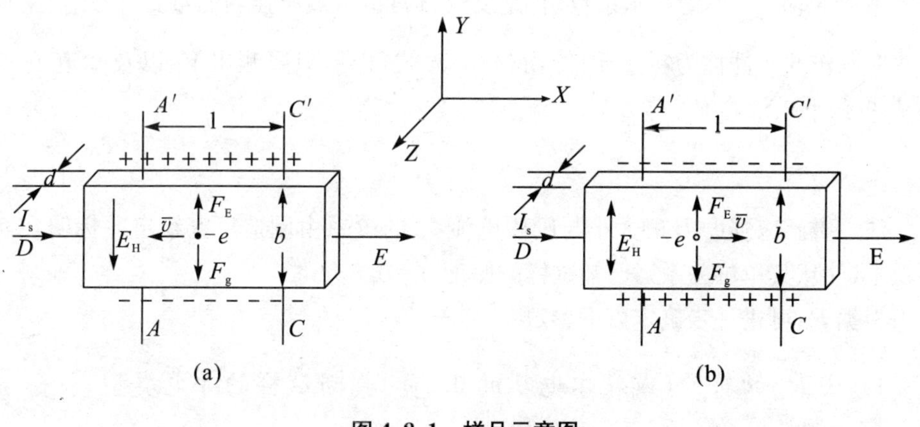

图 4-8-1　样品示意图

无论载流子是正电荷还是负电荷,F_g的方向均沿 Y 方向,在此力的作用下,载流子发生偏移,则在 Y 方向即试样 A、A'电极两侧就开始聚积异号电荷,而在试样 A、A'两侧产生一个电位差 V_H,形成相应的附加电场 E——霍尔电场,相应的电压 V_H称为霍尔电压,电极 A、A'称为霍尔电极.电场的指向取决于试样的导电类型.

N 型半导体的多数载流子为电子，P 型半导体的多数载流子为空穴. 对 N 型试样，霍尔电场逆 Y 方向，P 型试样则沿 Y 方向，有

$$I_s(X)、B(Z)、\begin{matrix} E_H(Y) < 0 \ (N\text{型}) \\ E_H(Y) > 0 \ (P\text{型}) \end{matrix}$$

显然，该电场是阻止载流子继续向侧面偏移，试样中载流子将受一个与 F_g 方向相反的横向电场力

$$F_E = eE_H \tag{4-8-2}$$

其中，E_H 为霍尔电场强度.

F_E 随电荷积累增多而增大，当达到稳恒状态时，两个力平衡，即载流子所受的横向电场力 eE_H 与洛仑兹力 $e\bar{v}B$ 相等，样品两侧电荷的积累就达到平衡，故有

$$eE_H = e\bar{v}B \tag{4-8-3}$$

设试样的宽度为 b，厚度为 d，载流子浓度为 n，则电流强度 I_s 与 $\bar{v}$ 的关系为

$$I_s = ne\bar{v}bd \tag{4-8-4}$$

由(4-8-3)、(4-8-4)两式可得

$$V_H = E_H b = \frac{1}{ned}\frac{I_s B}{d} = R_H \frac{I_s B}{d} \tag{4-8-5}$$

即霍尔电压 V_H（A、A' 电极之间的电压）与 I_sB 乘积成正比与试样厚度 d 成反比. 比例系数 $R_H = \frac{1}{ne}$ 称为霍尔系数，它是反映材料霍尔效应强弱的重要参数. 根据霍尔效应制作的元件称为霍尔元件. 由(4-8-5)式可见，只要测出 V_H 以及知道 I_s、B 和 d，可按下式计算 R_H

$$R_H = \frac{V_H d}{I_s B} \tag{4-8-6}$$

注 磁感应强度 B 的大小与励磁电流 I_M 的关系由制造厂家给定并标明在实验仪上（注意其单位关系），已知试样的厚度 $d=0.5$ mm.

根据 R_H 可进一步确定以下参数：

1. 由 R_H 的符号（或霍尔电压的正、负）判断试样的导电类型

A' 判断的方法是按图 4-8-1 所示的 I_s 和 B 的方向，若测得的 $V_H = V_{AA'} < 0$（即点 A 的电位低于点 A' 的电位）则 R_H 为负，样品属 N 型，反之则为 P 型.

2. 结合电导率的测量，求载流子的迁移率 μ

电导率 σ 与载流子浓度 n 以及迁移率 μ 之间有如下关系：

$$\sigma = ne\mu \tag{4-8-7}$$

由比例系数 $R_H=\frac{1}{ne}$ 得 $\mu=|R_H|\sigma$，通过实验测出 σ 值即可求出 μ.

【实验内容和方法】

(1) 按图 4-8-2 连接测试仪和实验仪之间相应的 I_s、V_H 和 I_M 的连线，I_s 及 I_M 换向开关投向上方，表明 I_s 及 I_M 均为正值(即 I_s 沿 X 方向，B 沿 Z 方向)，反之为负值. V_H、V_σ 切换开关投向上方测 V_H，投向下方测 V_σ(本实验只测量 V_H)，经教师检查后方可开启测试仪的电源.

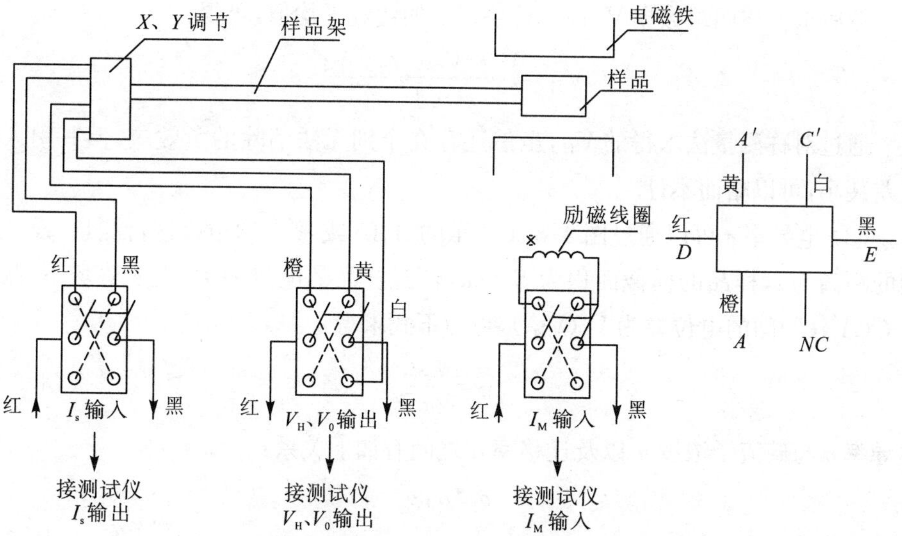

图 4-8-2　霍尔效应实验仪示意图

图 4-8-2 中虚线所示的部分线路即样品各电极及线包引线与对应的双刀开关之间连线已由制造厂家连接好.

必须强调指出：严禁将测试仪的励磁电源"I_M 输出"误接到实验仪的"I_s 输入"或"V_H、V_σ 输出"处，否则一旦通电，霍尔元件即遭损坏！

为了准确测量，应先对测试仪进行调零，即将测试仪的"I_s 调节"和"I_M 调节"旋钮均置零位，待开机数分钟后若 V_H 显示不为零，可通过面板左下方小孔的"调零"电位器实现调零，即"0.00". 转动霍尔元件探杆支架的旋钮 X、Y，慢慢将霍尔元件移到螺线管的中心位置.

(2) 在产生霍尔效应的同时，因伴随着多种负效应，以致实验测得的 A、A' 两电极之间的电压并不等于真实的 V_H 值，而是包含着各种负效应引起的附加电压，因此必须设法消除. 根据负效应产生的机理采用电流和磁场换向的对称测量法，基本上能够把负效应的影响从测量的结果中消除，具体的做法是 I_s 和 B(即 I_M)的大小不变，并在设定电流和磁场的正、反方向后，依次测量由下列四组不同方向的 I_s 和 B 组合的 A、A' 两点之间的电压 V_1、V_2、V_3 和 V_4，即

$$\begin{array}{ccc} +I_s & +B & V_1 \\ +I_s & -B & V_2 \\ -I_s & -B & V_3 \\ -I_s & +B & V_4 \end{array}$$

然后求上述四组数据 V_1、V_2、V_3 和 V_4 的代数平均值，可得：

$$V_H=\frac{V_1-V_2+V_3-V_4}{4}$$

通过对称测量法求得的 V_H，虽然还存在个别无法消除的负效应，但其引入的误差甚小，可以略而不计.

(3) 电导率 σ 可以通过图 4-8-1 所示的 A、C(或 A'、C')电极进行测量，设 A、C 间的距离为 l，样品的横截面积为 $S=bd$，流经样品的电流为 I_s，在零磁场下，测得 A、C(A'、C')间的电位差为 V_σ(V_{AC})，可由下式求得 σ

$$\sigma=\frac{I_s\, l}{V\sigma S} \tag{4-8-8}$$

电导率 σ 与载流子浓度 n 以及迁移率 μ 之间有如下关系：

$$\sigma=n\,e\mu$$

由比例系数 $R_H=\dfrac{1}{n\,e}$ 得 $\mu=|R_H|\sigma$.

【实验数据记录和处理】

(1) 由 R_H 的符号(或霍尔电压的正、负)判断试样的导电类型.

(2) 保持 I_M 值不变(取 $I_M=0.6$ A)，使 I_s 分别取 1.00 mA、2.00 mA、3.00 mA、4.00 mA，测量对应的 V_H 值，代入(4-8-6)式求霍尔系数 R_H.

表 4-8-1

I_s(mA)	V_1(mV)	V_2(mV)	V_3(mV)	V_4(mV)	$V_H=\frac{V_1-V_2+V_3-V_4}{4}$(mV)
	$+I_s$、$+B$	$+I_s$、$-B$	$-I_s$、$-B$	$-I_s$、$+B$	
1.00					
2.00					
3.00					
4.00					

(3) 载流子的迁移率 μ.

【思考题】

(1) 如果磁场 B 与霍尔片不完全垂直,实验所得结果比实际值偏大还是偏小?为什么?

(2) 试回答金属为何不宜制作霍尔元件?

【注意事项】

(1) 实验过程中,先不要打开电源,按要求连接线路,仔细检查后再打开电源.特别要注意 I_M 和 I_s 的连接不能有错,否则通电后霍尔片即遭破坏.

(2) 霍尔片性脆易碎,上面的电极极线易断,严防撞击或用手触摸;测量时需将霍尔片置于电磁铁中心,调节时须谨慎轻柔.

4-9　铁磁材料的磁滞回线和 μ-H 曲线

铁磁物质是一种性能特异、用途广泛的材料.如航天、通信、自动化仪表及控制等都无不用到铁磁材料(铁、钴、镍、钢及含铁氧化物均属铁磁物质). 因此,研究铁磁材料的磁化性质,不论在理论上,还是在实际应用上都有重大的意义. 本实验使用单片机采集数据,测量在交变磁场的作用下,两个不同磁性能的铁磁材料的磁化曲线和磁滞回线.

【实验目的】

(1) 认识铁磁物质的磁化规律并观察样品的磁滞回线;

(2) 测绘样品的 μ-H 曲线;

(3) 测定样品的 B_r、H_c 两参数.

【实验仪器】

TH/KH-MHC 型磁滞回线实验组合仪(包括实验仪和测试仪)、示波器.

【实验原理】

铁磁物质特征是在外磁场作用下能被强烈磁化,故磁导率 μ 很高,另一显著特征是磁滞现象,即外磁场停止作用后,铁磁质仍能保留磁化状态,图 4-9-1 为铁磁质的磁感应强度 B 与磁化强度 H 的关系曲线. 当磁场 H 从零开始增加时,磁感应强度先随之缓慢上升,继而迅速增长,当 H 增至 H_s 时 B 达饱和值 B_s,其中 OS 段称为起始磁化曲线. 实验表明,铁磁质的磁化曲线都是不可逆的. 即达到饱和后,如

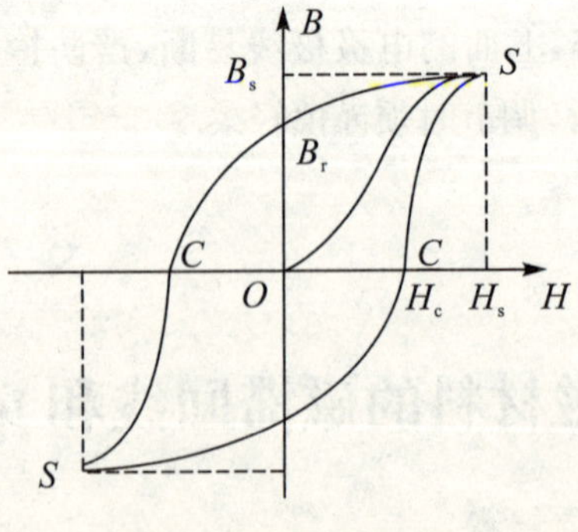

图 4-9-1 铁磁质的起始磁化曲线和磁滞回线

果逐渐减小电流 I,B 并不沿起始磁化曲线逆向地随 H 的减小而减小,而是减小得比原来增加时慢,而且当 $I=0$,从而 $H=0$ 时,B 并不为零,而是保持一定的值 B_r,如图 4-9-1SC'段所示. 这种现象叫做磁滞效应. 即当 H 恢复到零时,铁磁质中保留的磁感应强度 B_r 叫做剩磁. 这时撤去线圈,铁磁质就是一块永磁体.

要完全消除剩磁 B_r,必须让电流 I 反向,只有当反向电流增大到一定值从而使反向的磁场强度增大到一定值时,铁磁质才完全退磁,即 $B=0$,使铁磁质完全退磁所需的反向磁场强度的大小叫做铁磁质的矫顽力,用 H_c 表示. 铁磁质的矫顽力越大,退磁所需的反向磁场也越大.

继续增大反向电流以增大反向的 H,可以使铁磁质达到反向饱和状态,再将反向电流逐渐减小到零,铁磁质又会达到反向剩磁状态,相应的磁感应强度为 $-B_r$,最后将电流又改回原来的方向并逐渐增大,铁磁质又会经 $-H_c$ 表示的状态回到原来的饱和状态,这样,磁化曲线便形成一闭合的 B-H 曲线,叫做磁滞回线.

铁磁质的磁导率 $\mu=B/H$. 因 B 与 H 的非线形,故铁磁材料的 μ 不是常数而是随 H 而变化,可高达数千乃至数万,这一特点正是它用途广泛的原因之一. 图 4-9-2为铁磁材料的 μ 与 H 的关系曲线.

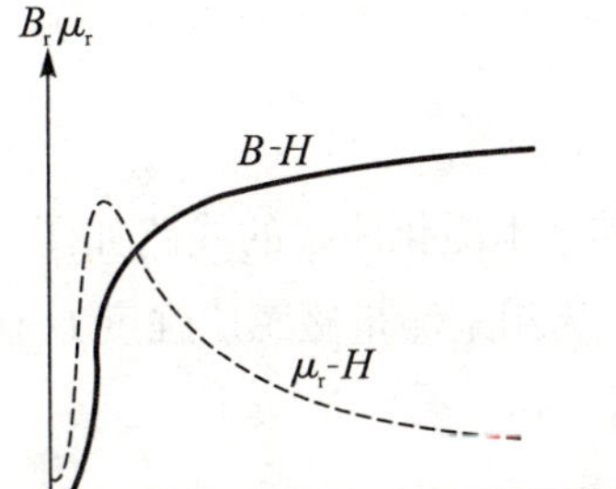

图 4-9-2　铁磁材料的 μ 与 H 的关系曲线

可以说磁化曲线和磁滞回线是铁磁材料的分类和选用的主要依据,下面为两种典型的磁滞回线,其中软磁材料的矫顽力、剩磁均较小,是制造变压器、电机和交流磁铁的主要材料,而硬磁材料的矫顽力大,剩磁强,可用来制造永磁体(见图4-9-3).

本实验待测样品为矽钢片,N 为励磁绕组,L 为样品的平均磁路,R_1 为励磁电流取样电阻,根据安培环路定律,样品的磁化强度

$$H=\frac{N}{LR_1}\cdot U_1$$

式中,N、L、R_1 均为已知常数,所以由 U_1 可确定 H. 而样品的磁感应强度 B 是测

量绕组 n 和 R_2C_2 电路给定的，S 为样品的截面积，根据法拉第电磁感应定律，有

$$B=\frac{C_2R_2}{nS}\cdot U_2$$

同样 C_2、R_2、n 和 S 均为已知常数，所以由 U_2 可确定 B.

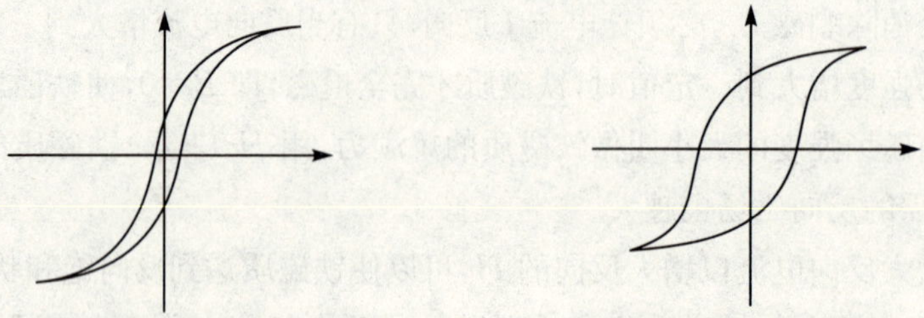

(a)软磁材料的磁滞回线 (b)硬磁材料的磁滞回线

图 4-9-3

综上所述，将 U_1 和 U_2 分别加到示波器的“X 输入”和“Y 输入”便可观察样品的 B-H 曲线；如将 U_1 和 U_2 分别加到测试仪的信号输入端可测定样品的饱和磁感应强度 B_s、剩磁 B_r、矫顽力 H_c 等参数.

【实验内容】

观察和测量磁滞回线和基本磁化曲线的线路如图 4-9-4 所示. 待测样品为 EI 型矽钢片，N 为励磁绕组，n 为用来测量磁感应强度 B 而设置的绕组，R_1 为励磁电流取样电阻.

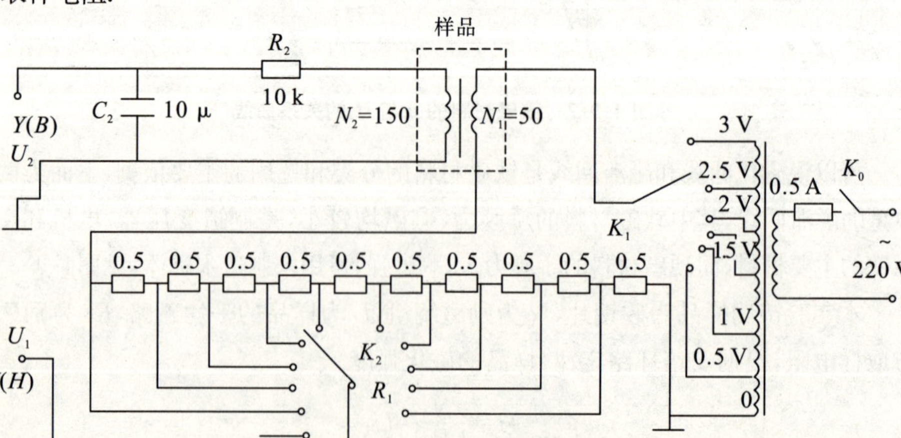

图 4-9-4 磁滞回线测量线路

1. 连接电路

选样品 1 按实验仪所给的电路图连接线路，并令 $R_1=2.5\ \Omega$，“U 选择”置于 0 位，U_1（即 U_H）和 U_2 分别接示波器的“X 输入”和“Y 输入”，插孔“⊥”为公共端.

2. 样品退磁

开启实验仪电源，对样品进行退磁，即顺时针转动“U 选择”旋钮，令 U 从 0 V 增至 3 V，然后逆时针转动旋钮，将 U 从最大值降为 0，确保样品处于磁中性状态，即 $B=H=0$.

3. 观察磁滞回线

开启示波器电源，令光点位于坐标原点（0，0），令 $U=2.2$ V，并分别调节示波器 X 和 Y 轴的灵敏度，使显示屏上出现图形大小合适的磁滞回线. 若图形顶部出现编织状的小环，这是因为 U_2 和 B 的相位差等因素引起的畸变，可降低励磁电压 U 予以消除. 按步骤 2 对样品进行退磁，从 $U=0$ V 开始，逐挡提高励磁电压，将在显示屏上得到面积由小到大一个套一个的一簇磁滞回线. 这些磁滞回线顶点的连线就是样品的基本磁化曲线，借助长余辉示波器便可观察到该曲线的轨迹.

4. 测绘 μ-H 曲线

连接实验仪和测试仪，开启电源，对样品进行退磁后，依次测定 $U=0.5$ V，1.0 V，…，3.0 V 时的十组 H_m 和 B_m 的值，作 μ-H 曲线.

5. 测定参数

令 $U=3.0$ V，$R_1=2.5\ \Omega$，测定样品的 B_r、H_c 两参数.

【实验数据记录和处理】

(1) $B_r=$__________；$H_c=$__________.

(2) 绘制 μ-H 曲线，数据填入表 4-5-1 中.

表 4-5-1

U(V)	H (A/m)	B (T)	$\mu=B/H$
0.5			
1.0			
1.2			
1.5			
1.8			
2.0			
2.2			
2.5			
2.8			
3.0			

【思考题】

(1) 观察样品 1 和样品 2 的磁滞回线的不同,结合剩磁 B_r 和矫顽力 H_c 说明样品 1 和 2 的磁性能的区别?

(2) 变压器铁心用矽钢片叠合制成,为什么要用磁性能好的软磁材料制作?

【注意事项】

(1) 调好磁滞回线大小位置后,必须进行退磁.

(2) 测量过程中,不能再调节示波器的 X、Y 轴的增益.

第5章 光 学 实 验

5-1 薄透镜焦距的测定

【实验目的】

(1) 学会简单光学系统的共轴调节;

(2) 熟悉光学实验的基本操作规范;

(3) 掌握几种测量薄透镜焦距的方法.

【实验仪器】

光具座及配件、凸透镜、凹透镜、光源、物屏、像屏、水平尺、平面反射镜.

【实验原理】

薄透镜是指其厚度比两球面的曲率半径小得多的透镜. 透镜分为两大类:一类是凸透镜(也称为正透镜或会聚透镜),对光线起会聚作用. 焦距越短,会聚本领越大. 另一类是凹透镜(也称负透镜或发散透镜),对光线起发散作用. 焦距越短,发散本领越大.

薄透镜的成像公式:

在满足薄透镜和近轴光线的条件下,物距 u,像距 v 和焦距 f 之间的关系为:

$$\frac{1}{u}+\frac{1}{v}=\frac{1}{f} \tag{5-1-1}$$

这就是薄透镜成像的公式,又称高斯公式.并规定(5-1-1)式中物距 u,实物为正,虚物为负;像距 v,实像为正,虚像为负;对凸透镜 f 为正值,对凹透镜 f 为负值.

一般透镜中心厚度有几毫米,也会给测量带来一定的误差.当不考虑透镜厚度时,会有百分之几的误差,这是允许的.

1. 凸透镜焦距的测定

(1) 凸透镜的成像规律为:像的大小和位置是依照物体离透镜的距离而决定的.

① 当 $u \gg f$ 时,极远处的物体经过透镜在后焦点附近成缩小的倒立实像.

② 当 $u > f$ 时,物体越靠近前焦点,像逐渐远离后焦点且逐渐变大.

③ 当 $u = f$ 时,物体位于前焦点,像存在于无穷远处.

④ 当 $u < f$ 时,物体位于前焦点以内,像为正立放大的虚像,与物体位于同侧,由于虚像点是光线反方向延长的交点,因此不能用像屏接收,只能通过透镜观察.

2. 测定方法

(1) 自准直法

光路图如图 5-1-1 所示.当物体 A 处在凸透镜的焦距平面时,物 A 上各点发出的光束,经透镜后成为不同方向的平行光束.若用与主光轴垂直的平面镜 M 将平行光反射回去,则反射光再经透镜后仍会聚焦于透镜的焦平面上,此关系就称为自准直原理.所成像是一个与原物等大的倒立实像 A'.所以自准直法的特点是,物、像在同一焦平面上.自准直法除了用于测量透镜焦距外,还是光学仪器调节中常用的重要方法.

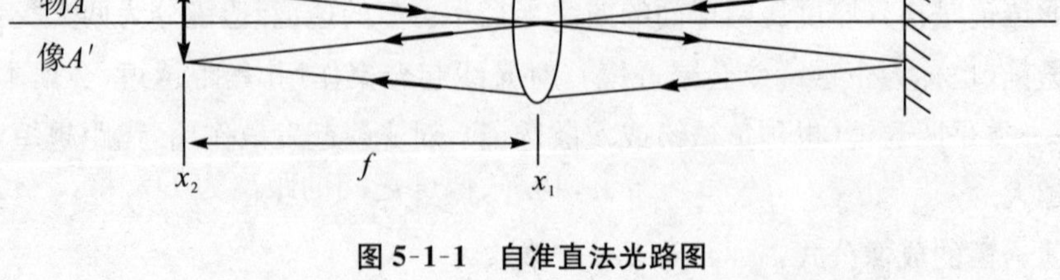

图 5-1-1 自准直法光路图

凸透镜焦距

$$f=|x_1-x_2| \tag{5-1-2}$$

其中,x_1 为物屏在光具座上位置读数,x_2 为凸透镜在光具座上位置读数.

(2) 物距像距法

只要 $u>f$,就可得到一个倒立的实像.在光具座上分别测出物体、透镜 L 及像的位置,就可以得到 u,v,从而根据(5-1-1)式求出 f.如图 5-1-2 示.$u=|x_1-x_2|$,$v=|x_2-x_3|$.

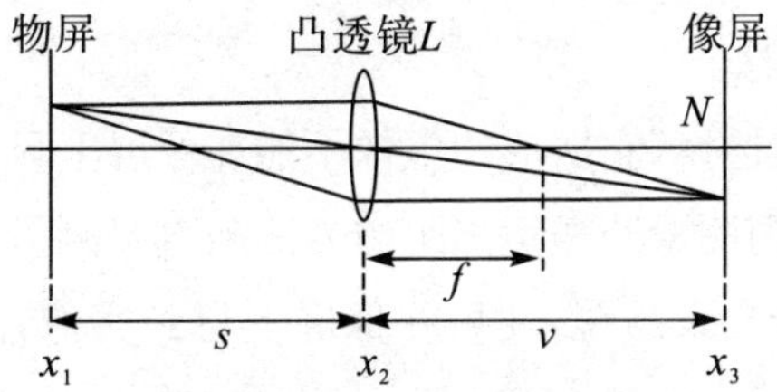

图 5-1-2　物距像距法光路图

(3) 两次成像法

利用凸透镜物像共轭对称成像的性质测量凸透镜焦距的方法,叫共轭法.所谓"物像共轭"是指物与像的位置可以互换,透镜位置与像的大小一一对应.

固定物与像屏间的距离不变,并使间距 D 大于 $4f$(为什么?),则当凸透镜置于物体与像屏之间时,移动凸透镜可以找到两个位置,使白屏上都能得到清晰的实像,一个大像,一个小像.如图 5-1-3 所示.

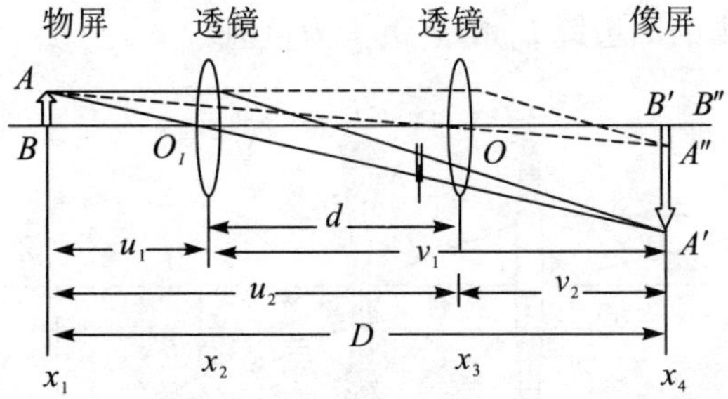

图 5-1-3　两次成像法光路

透镜移动的距离为 $d=|x_2-x_3|$,物屏、像屏之间的距离为 $D=|x_1-x_4|$,运用物像共轭的对称性质得到焦距计算公式

$$f=\frac{D^2-d^2}{4D} \tag{5-1-3}$$

式(5-1-3)由学生自己推导.

只要测出 d 和 D,即可求出 f.

以上三种方法,共轭法测出的焦距一般较为准确,它避免了物距像距法估计光心位置不准带来的误差,它无须考虑透镜本身的厚度.

2. 凹透镜焦距的测定

(1) 辅助透镜成像法

由于凹透镜为发散透镜,它所成的虚像不能在像屏上显示出来,它的像距也无法直接测量,因此不能用测量凸透镜焦距的方法来直接测量凹透镜焦距.若将一凸透镜与凹透镜组成复合会聚透镜,便可在像屏上得到实像,测出物距和像距后,就可以算出凹透镜的焦距.

如图 5-1-4 所示,实物 AB 经凸透镜 L_1 成像于 $A'B'$. 在 L_1 和 $A'B'$之间插入待测凹透镜 L_2,就凹透镜 L_2 而言,虚物 $A'B'$ 又成像于 $A''B''$. 实验中,调整 L_2 及像屏至合适的位置,就可找到透镜组所成的实像 $A''B''$. 因此可把 O_2A' 看为凹透镜的物距 u,O_2A''看为凹透镜的像距 v,则由成像公式可得

$$-\frac{1}{u}+\frac{1}{v}=\frac{1}{f} \quad \text{(虚物的物距为负)} \tag{5-1-4}$$

$$f=\frac{u\cdot v}{u-v}$$

由于 $u<v$,求出的凹透镜 L_2 的焦距 f 为负值.

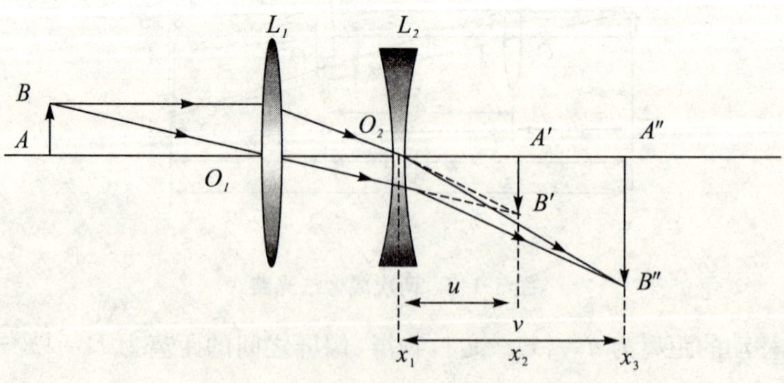

图 5-1-4 测量凹透镜焦距光路图

【实验内容】

1. 光学系统的共轴调节

共轴调节是光学测量的先决条件，也是减少误差、确保实验成功的重要步骤. 所谓“共轴”，是指各光学元件（如光源、物、透镜等）的主光轴重合. 由于在光具座上进行，所以须使光轴平行于光具座导轨的刻度线. 具体调节分两步进行：

① 粗调. 将安置于光具座上的各光学元件靠拢在一起，用眼观察，并调节它们的中心使它们处在同一高度，且连线（光轴）平行于导轨.

② 细调. 将各光学元件按实验要求移开，利用透镜成像规律进一步调整，移动透镜及屏时，将大小不同的像生成在不同的位置. 若这些大小不等的像的中心在屏上的位置重合，则说明系统已共轴；若在移动透镜的过程中，像的中心位置不重合，则应调节透镜的高低或左右位置.

2. 测凸透镜的焦距

(1) 用自准直法测凸透镜焦距

开启白炽灯光源，照亮物屏，反复移动透镜，反射镜靠近透镜并调整反射镜的俯仰和左右，直到在物屏“1”字下（或旁）看到清晰、等大倒立的“1”字像，即实现自准直. 记下透镜位置 x_1 和物屏位置 x_2，重复测四次. 由(5-1-2)式计算焦距 f 及其平均值和不确定度.

(2) 用物距像距法测凸透镜焦距（选做）

开启白炽灯光源，将物屏、透镜和像屏放到光具座上，调其共轴等高. 根据自准直法测得的焦距 f，使到物屏到透镜的距离 $u>f$，移动透镜或像屏位置，在像屏上得到清晰实像，记下各光学元件位置读数，重复测量四次，计算出 u、v，根据公式(5-1-1)求 f 平均值及不确定度.

(3) 用两次成像法测凸透镜焦距

开启白炽灯光源，将光学元件装置在光具座上，将各光学元件调至共轴等高. 根据自准直法测得的透镜焦距，使物屏与像屏放置在距离大于 $4f$ 处，记下物屏位置 x_1，像屏位置 x_4，透镜在物屏与像屏间移动，当在光具座的 x_2 处和 x_3 处时，像屏上分别成清晰放大倒立实像和缩小倒立实像，再记下 x_2 和 x_3 位置数值，重复测量四次.由(5-1-3)式求焦距 f 及其平均值和不确定度.

(4) 用辅助透镜成像法测凹透镜的焦距

开启白炽灯光源,先调物屏、凸透镜、凹透镜及像屏共轴等高,根据辅助透镜成像法,分别记录相对凹透镜 L_2 的所成虚像 $A'B'$ 位置读数 x_2,实像 $A''B''$ 位置读数 x_3 及凹透镜的位置读数 x_1,重复测量四次,由(5-1-4)式计算焦距 f 及其平均值和不确定度.

【数据记录参考表格】

(1) 测定凸透镜的焦距

根据测定数据填入表 5-1-1、表 5-1-2、表 5-1-3、表 5-1-4 中.

表 5-1-1 自准直法测凸透镜焦距数据表

测量次数	1	2	3	4	5
x_1 物屏位置(cm)					
x_2 透镜位置(cm)					

表 5-1-2 物距像距法测凸透镜焦距数据表

测量次数	1	2	3	4	5
x_1 物屏位置(cm)					
x_2 透镜位置(cm)					
x_3 像屏位置(cm)					
u(cm)					
v(cm)					

表 5-1-3 两次成像法测凸透镜焦距数据表

测量次数	1	2	3	4	5
成大像透镜位置 x_2(mm)					
成小像透镜位置 x_3(mm)					
$d=\|x_1-x_2\|$(mm)					

物屏位置 $x_1=$________cm；像屏位置 $x_4=$______cm；$D=$______cm.

表 5-1-4 物距像距法测凹透镜焦距数据表

测量次数	1	2	3	4	5
凹透镜位置 x_1(cm)					
观察屏的位置 x_3(cm)					
$u=\|x_2-x_1\|$(cm)					
$v=\|x_3-x_2\|$(cm)					

物经凸透镜后所成像的位置 $x_2=$______cm.

【思考题】

(1) 如何用简单的光学方法来判断透镜的凸凹？如何估测凸透镜焦距？

(2) 利用 $f=(D^2-d^2)/4D$ 测量凸透镜焦距有什么好处？使用该种方法测量凸透镜焦距时物屏与像屏的距离必须满足什么条件？为什么？

(3) 用辅助透镜法测量凹透镜焦距时，凸透镜的作用是什么？凹透镜应放在什么位置？

(4) 用自准直法测凸透镜焦距时平面镜起什么作用？

5-2 分光计的调节及三棱镜玻璃折射率的测定

【实验目的】

(1) 了解分光计的结构，掌握分光计的调节和使用方法；

(2) 了解测定三棱镜顶角的方法；

(3) 掌握用最小偏向角法测定三棱镜玻璃的折射率.

【实验仪器与用具】

分光计、钠光灯、三棱镜、平面双面反射镜.

【实验原理】

分光计是一种常见的测量角度的精密光学仪器，基于反射、折射、衍射等物理现象，用分光计可以测定偏振角（验证布儒斯特定律）、偏向角（测定三棱镜折射率）、衍射角（用光栅测定光波波长）等. 由于该装置比较精密，控制部件较多而且结构复杂，所以使用时必须严格按照一定的规则和程序进行调整，方能获得较高精度的测量结果. 分光计的调整思想、方法与技巧，在光学仪器中有一定的代表性，学会对它的调节和使用方法是今后使用其他复杂光学仪器（摄谱仪、单色仪等）的基础.

1. 分光计的基本结构

分光计的型号很多，但结构基本相同，主要由自准直望远镜、平行光管、载物台、刻度盘和游标盘等部分组成（如图 5-2-1 所示）. 分光计的下部是个三角底座，中央有一个中心轴，望远镜、载物台和读数圆盘可绕中心轴转动.

（1）自准直望远镜

望远镜是用来观察平行光的. 分光计采用的是自准直望远镜（阿贝式）. 它是由目镜、叉丝分划板和物镜三部分组成，分别装在三个套筒中，这三个套筒一个比一个大，彼此可以互相滑动，以便调节聚焦，如图 5-2-2 所示. 中间的一个套筒装有一块圆形分划板，分划板面刻有“╪”形叉丝，分划板的下方紧贴着装有一块 45°全反射小棱镜，在与分划板相贴的小棱镜的直角面上，刻有一个“＋”形透光的叉丝. 在望远镜看到的“＋”像就是这个叉丝（物）的像. 叉丝套筒上正对着小棱镜的另一个直角面处开有小孔并装一小灯，小灯的光进入小孔经全反射小棱镜反射后，沿望远镜光轴方向照亮分划板，以便于调节和观测.

（2）平行光管

平行光管的作用是产生平行光，其构造如图 5-2-3 所示. 在管的一端装有一个消色差的透镜，另一端有一个宽度可调的狭缝，狭缝装在一个可伸缩的套筒的一端.伸缩套筒可把狭缝调到透镜的焦平面上,当平行光管外有光照亮狭缝时,通过狭缝的光经透镜后就成为了平行光.狭缝的宽度可通过图 5-2-1 中的螺丝 28 调节,调节范围为 0.02～2 mm.旋松图 5-2-1 中的螺丝 2 可以使狭缝套筒前后移动,以改变狭缝和物镜的距离,当狭缝的平面调到物镜的焦平面上时,则平行光管可以发出平行光.平行光管的俯仰可由倾斜度调节图 5-2-1 中的螺丝 27 来进行调节.

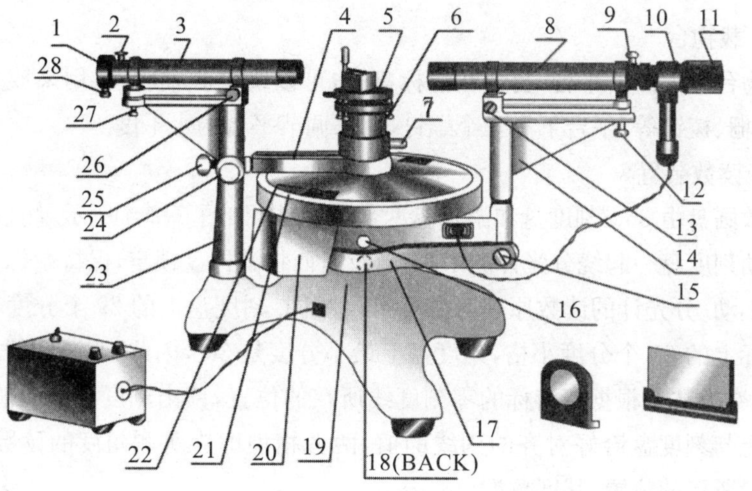

图 5-2-1 分光计的结构示意图

1.狭缝; 2.紧固螺钉; 3.平行光管; 4.制动架; 5.载物台; 6.载物台调平螺钉(3 只); 7.载物台锁紧螺钉; 8.望远镜; 9.紧固螺钉; 10.分化板; 11.目镜; 12.仰角螺钉; 13.望远镜光轴水平螺钉; 14.支臂; 15.转角微调; 16.主尺止动螺钉; 17.制动架; 18.望远镜止动螺钉; 19.底座; 20.转座; 21.主尺; 22.游标盘; 23.立柱; 24.游标盘微调螺钉; 25.游标盘止动螺钉; 26.平行光管光轴水平螺钉; 27.仰角螺钉; 28.狭缝调节

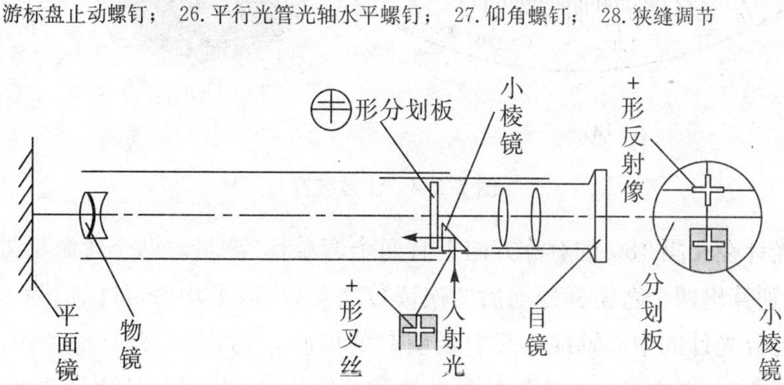

图 5-2-2 自准望远镜结构

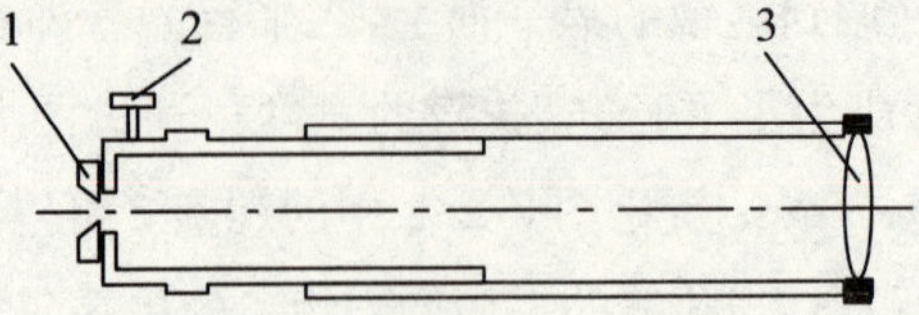

图 5-2-3 平行光管结构图

1. 狭缝； 2. 调节缝宽螺钉； 3. 凸透镜

(3) 载物台

载物台是一圆形平台，套装在游标盘上，可以绕中心轴转动，用来放置光学元件，如光栅、棱镜等. 平台下有三个螺钉，用来调节平台的水平度.

(4) 读数装置

读数圆盘由 360°刻度盘和游标盘两部分组成，如图 5-2-4 所示. 测量时，使望远镜带动刻度盘一起绕分光计的中心轴转动，而将游标盘锁定，保持游标盘上的游标位置不动. 分光计的读数原理与游标卡尺相同. 刻度盘上的 29 个分度小格对应于弯游标上的 30 个分度小格，刻度盘上最小分度是 30′，因此，弯游标的最小分度是 1′. 读数方法是根据弯游标的零刻度线所在的位置，读出刻度盘上的值，再读出弯游标上与刻度盘恰好对齐的刻线的值，两者相加即为所测角度的读数值. 如图 5-2-4(a)所示的位置，其度数为116°15′.

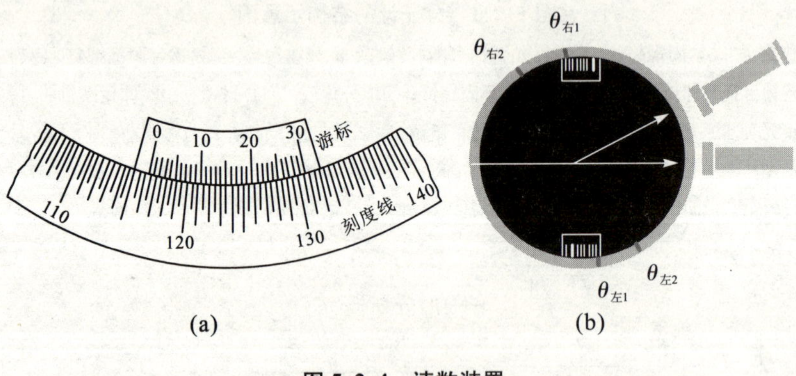

图 5-2-4 读数装置

分光计在相隔 180°的对称方向上有两个弯游标. 测量时两个弯游标处要同时读数，分别算出两个弯游标处前后两次读数之差，再取平均值，可以消除读数圆盘的圆心与分光计的中心轴线不重合所引起的偏心差，如图 5-2-4(b)所示. 当望远镜在位置 1 时，左右两边的弯游标处的读数分别为 $\theta_{左1}$ 和 $\theta_{右1}$，转到位置 2 时，左右两边的弯游标处的读数分别为 $\theta_{左2}$ 和 $\theta_{右2}$，则两个弯游标处前后两次读数差分别为

$$\varphi_{左}=|_{左2}-\theta_{左1}|,\quad \varphi_{右}=|\theta_{右2}-\theta_{右1}| \tag{5-2-1}$$

因而,望远镜光轴绕分光计中心轴转过的角度是

$$\varphi=\frac{1}{2}(\varphi_{左}+\varphi_{右})=\frac{1}{2}(|\theta_{左2}-\theta_{左1}|+|\theta_{右2}-\theta_{右1}|) \tag{5-2-2}$$

2. 三棱镜顶角的测量

三棱镜是实验室中重要的分光元件,至少有两个透光的光学面,其夹角称为三棱镜的顶角.

(1) 自准直法测定三棱镜的顶角

图 5-2-5 为自准直法测三棱镜顶角 A 的光路图,其中,AB、AC 面分别为三棱镜的两个光学面.当光线垂直于 AC 面入射时,光将沿原路返回,根据自准直原理,记下此时光线入射方位 φ_1,然后使光线垂直于 AB 入射面入射,记下此时入射光线的方位 φ_2,则两次入射光方向的夹角 $\theta=|\varphi_2-\varphi_1|$,而三棱镜的顶角

$$A=180°-\varphi \tag{5-2-3}$$

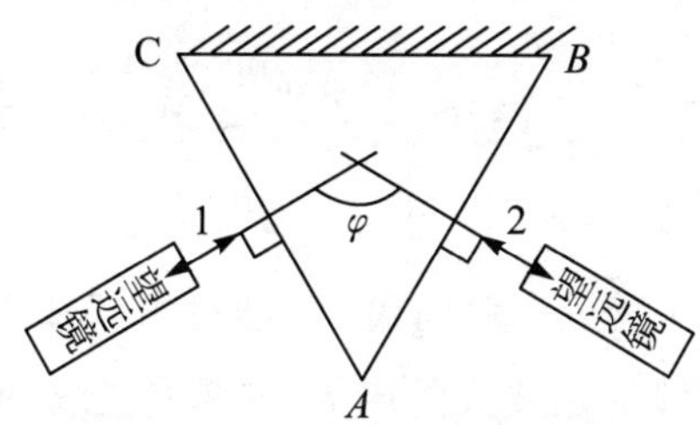

图 5-2-5 自准直法测顶角光路图

(2) 用最小偏向角法测定三棱镜玻璃的折射率

如图 5-2-6 所示,一束平行的单色光以入射角 i_1 入射到三棱镜的 AB 面上,经三棱镜两次折射后,从另一面 AC 面出射,出射角为 i_2'.入射光与出射光方向的夹

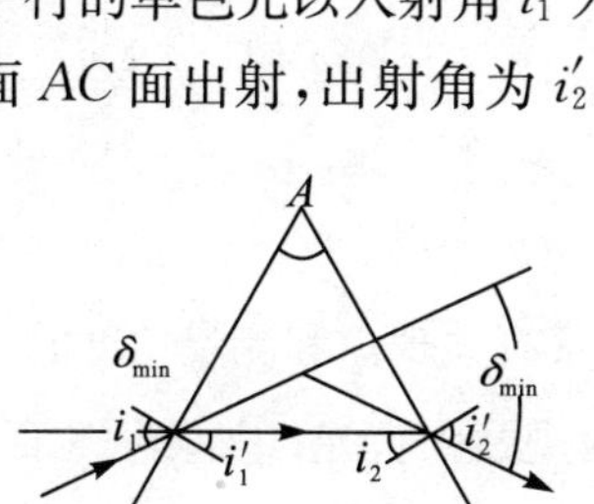

图5-2-6 三棱镜最小偏向角原理图

角 δ 称为偏向角. 当棱镜顶角 A 一定时,偏向角 δ 的大小随入射角 i_1 的变化而变化. 如果转动三棱镜,使入射角 i_1 等于出射角 i_2'时,偏向角 δ 为最小,此时的偏向角称为最小偏向角,记为 $\delta_{\min}$.

由光路的对称性,可知 $i_1'=\frac{A}{2}=i_2$,其中,A 为三棱镜的顶角,由图 5-2-6 中各角的几何关系易得,最小偏向角与顶角 A 之间存在关系

$$\frac{\delta_{\min}}{2}=i_1-i_1'=i_1-\frac{A}{2} \tag{5-2-4}$$

由(5-2-4)式得

$$i_1=\frac{1}{2}(\delta_{\min}+A) \tag{5-2-5}$$

假设三棱镜玻璃折射率为 n,空气折射率为 1,光在 AB 面折射满足折射定律,则有

$$\sin i_1=n\sin i_1' \tag{5-2-6}$$

由(5-2-5)、(5-2-6)式得

$$n=\frac{\sin i_1}{\sin\frac{A}{2}}=\frac{\sin\frac{\delta_{\min}+A}{2}}{\sin\frac{A}{2}} \tag{5-2-7}$$

由分光计测定顶角 A 及最小偏向角 $\delta_{\min}$ 即可由(5-2-7)式计算出三棱镜对该种色光的折射率 n. 折射率是光波长的函数,非单色光源(如汞光灯)发出的光,经过三棱镜折射后,其中各单色光成分会有不同的偏向角,可以分别测量.

【实验内容与数据记录】

1. 分光计的调节

分光计是在平行光中观察有关现象和测量角度的,因此应达到以下三个要求:准直管发出平行光;望远镜适应观察平行光;望远镜、准直管的光轴均垂直于仪器主轴.

(1) 粗调

① 目镜调焦.

旋转"目镜视度调节手轮"(即调节目镜与叉丝之间的距离)看清测量用十字叉丝. 调节方法是把"目镜调节手轮"轻轻旋出,或旋进,从目镜中观察,直到分划板刻

线清晰为止.

② 将载物台调节至合适高度,并与游标盘固定.

③ 目测.

将载物台、望远镜光轴和准直管光轴尽量调节成水平.在分光计调节中,粗调是很重要的,如果不认真调节,可能给细调造成困难,甚至无法进行细调.

(2) 细调

① 调节望远镜适应观察平行光.

调节望远镜适应平行光实质是将分划板调到物镜焦平面上.

点亮"小十字叉丝"照明用灯泡,将分光计附件——平面双面反射镜(或三棱镜)如图 5-2-7 所示放在载物台上(注意放置方位,如图放置主要由一个螺丝控制一个反射面的倾斜度).

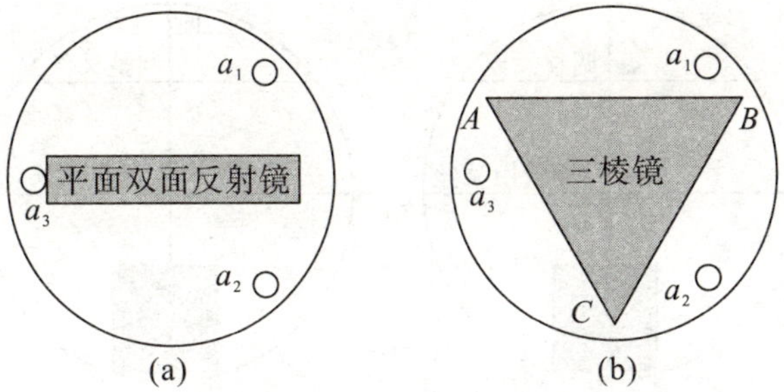

图 5-2-7 载物台上调节反射镜放置的示意图

将望远镜垂直对准平面双面反射镜(三棱镜)的一个反射面,利用自准直原理,使阿贝式自准直目镜中的"十字窗"发出的光经过望远镜物镜折射后再经过平面双面镜反射,由物镜再次聚焦于目镜的分划板上,形成绿色"小十字叉丝"像.左右慢慢转动载物台,观察是否能看到绿色"小十字叉丝"的反射像,若粗调认真,不难找到反射像,若观察不到反射像,需要稍微调节图 5-2-7(a)中得 a_1 或 a_2 螺丝,再慢慢左右转动载物台去找.

观察到"小十字叉丝"的反射像后,若反射像模糊不清,松开"目镜锁紧螺丝",前后调节目镜筒,直到"小十字叉丝"像清晰、无视差,此时望远镜已适合观察平行光,拧紧"目镜锁紧螺丝",以后的调节中不可再改变调焦状态.

② 调整望远镜光轴与仪器转轴垂直.

准直管和望远镜的光轴分别与入射光和出射光的方向对应,为了准确测量角度，必须分别使它们的光轴与刻度盘平行，刻度盘在制造时已垂直于分光计的中心转轴，因此，当望远镜与分光计的中心转轴垂直时，就达到了与刻度盘平行的要求，具体调节如下：

将平面双面反射镜如图 5-2-7(a)放置在载物台上，转动载物台使望远镜分别对准平面双面镜正反两个面，使正反两面两次分别能观察到绿色"小十字叉丝"的反射像.

特别注意：经常在调节时，发现从平面镜的一面见到了绿色"小十字叉丝"，而在另一面则找不到，这可能是粗调不细致造成的，如果望远镜光轴和载物台面均显著不水平，这时要重做粗调；如果望远镜光轴及载物台面无明显倾斜，这时往往是"小十字叉丝"在视场之外，可适当调节望远镜的倾角去观察.

一般情况，正反两镜面反射形成的绿色"小十字叉丝"反射像和调整叉丝不重合，一面在"调整叉丝"下方，另一面在"调整叉丝"上方，如图 5-2-8 所示.

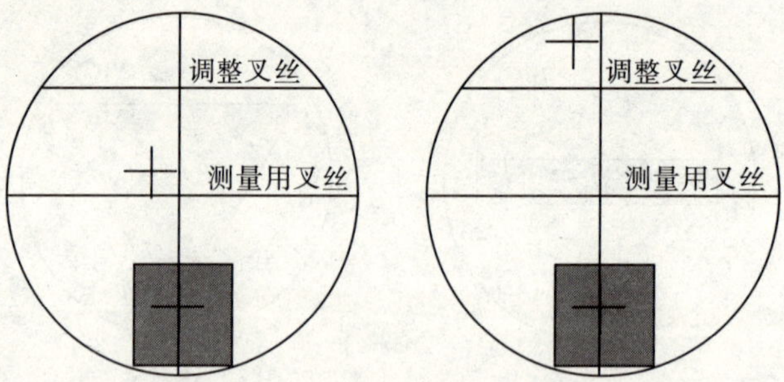

图 5-2-8 两面反射的"小十字叉丝"像

若正反两镜面反射均能观察到"小十字叉丝"像，其中一面的"小十字叉丝"像在调整线上，如图 5-2-9(a)所示，说明此时望远镜光轴与镜面垂直，另一面的"小十字叉丝"像不在调整线上，如图 5-2-9(b)所示，此时调节"望远镜光轴高低调节螺丝"，改变望远镜倾斜度，使"小十字叉丝"和"调整叉丝"之间的距离减少一半，如图 5-2-9(d)所示，再调节"载物台调平螺丝 a_1"使"小十字叉丝"和"调整叉丝"重合，如图 5-2-9(d)所示，此时望远镜光轴就与主轴垂直了. 在实际调节中，由于距离减少一半并非精确控制，所以需要将载物台旋转 180°，使望远镜对着平面镜的反面，采用同样的方法再调节. 如此重复几次调整，直至转动载物台时，从平面镜反射回来的"小十字叉丝"的像都能与"调整叉丝"重合为止. 这时望远镜的光轴和分光计的中心转轴相互垂直，常称这种调整法为逐次逼近各半调整法.

(3) 调整准直管发出平行光并使其光轴垂直仪器主轴

由于望远镜是适应观察平行光的，当准直管射出的是平行光，则狭缝成像于望远镜物镜的焦平面上，在望远镜中就能观察到清晰的狭缝像，并且与分划板无视差.这一过程实质是将被照明的狭缝调到准直管物镜焦平面上，物镜将出射平行光，调整过程如下：

取下平面双面反射镜，用照明光源照亮狭缝，使望远镜转向准直管主轴方向，在望远镜目镜中观察狭缝像，沿轴向移动狭缝装置，直至观察到的狭缝像清晰，表明准直管已发出平行光.

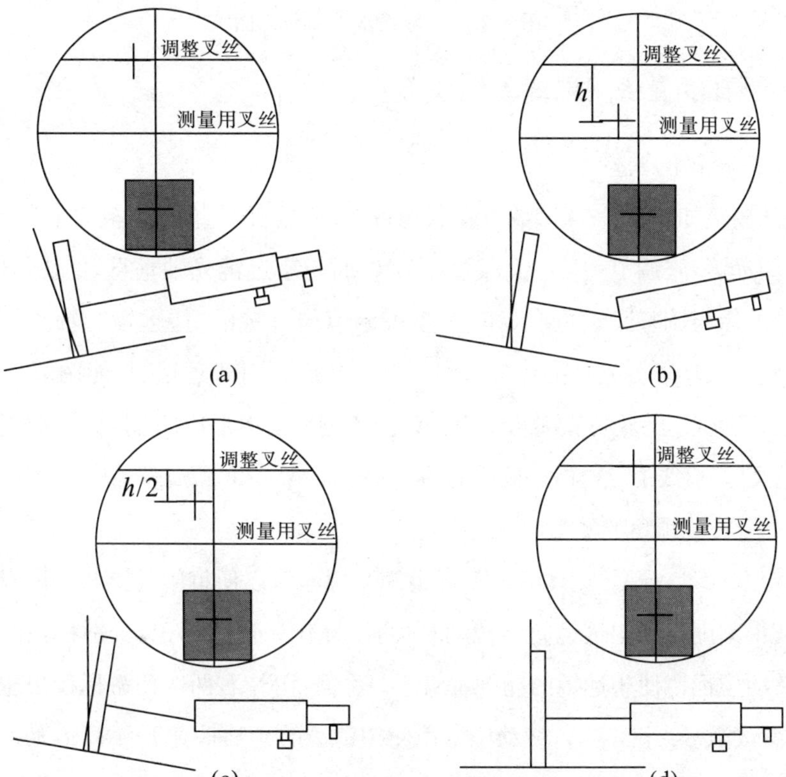

图 5-2-9 逐次逼近调整法原理图

再将狭缝转向横向(水平)，调节“准直管光轴高低调节螺丝”，将狭缝的像调到测量用叉丝横线上，如图 5-2-10(a)所示. 这表明准直管光轴已与望远镜光轴共线，所以也垂直仪器主轴.

最后，将狭缝调成竖直，拧紧“狭缝装置锁紧螺丝”，如图 5-2-10(b)所示.

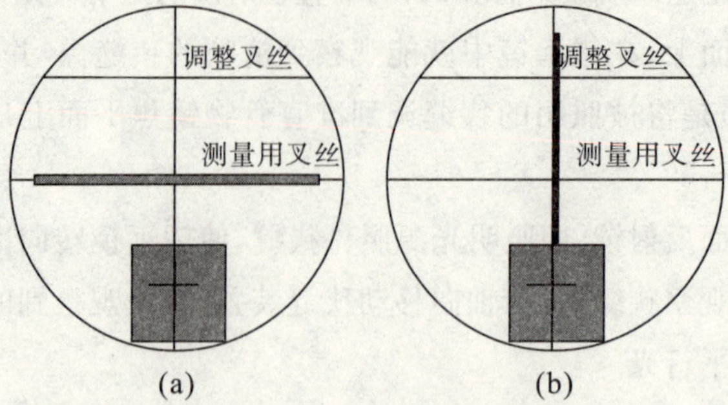

图 5-2-10 狭缝像位置示意图

2. 用自准直法测定三棱镜顶角

(1) 三棱镜的调整

将三棱镜如图 5-2-7(b)放置在载物台上,依据自准直原理,转动载物台使 AC 面正对望远镜,先调节 a_1 或 a_3 螺丝,使 AC 面与望远镜光轴垂直,也就是使"小十字叉丝"的像与调整叉丝重合(注意:不可调节望远镜的"望远镜光轴高低调节螺丝",否则就破坏了分光计的标准);然后使 AB 面正对望远镜,只能调节 a_2,使 AB 面与望远镜垂直. 反复调节,直至 AB、AC 两个侧面反射形成的"小十字叉丝"的像都在"调整叉丝"横线上. 这样,三棱镜的两个光学面 AB、AC 都与仪器中心轴平行.

(2) 三棱镜顶角的测量

固定游标盘,拧紧"刻度盘与望远镜锁紧螺丝",以便将望远镜和刻度盘固定在一起,使得刻度盘和望远镜同步转动. 对两游标作一适当标记,分别称左游标和右游标,转动望远镜使望远镜的光轴垂直于 AC 面,由左右两个角游标读出望远镜的方位位置读数 $\varphi_{左}$ 和 $\varphi_{右}$,再转动望远镜使望远镜的光轴垂直于 AB 面,从左右两个角游标读出望远镜的方位位置读数 $\varphi'_{左}$ 和 $\varphi'_{右}$,则三棱镜的顶角

$$A=180-\frac{1}{2}(|\varphi'_{左}-\varphi_{左}|+|\varphi'_{右}-\varphi_{右}|) \tag{5-2-8}$$

重复测量 6 次,将数据填入表 5-2-1 中.

表 5-2-1 三棱镜顶角测定数据记录表

次数	$\varphi_{左}$	$\varphi'_{左}$	$\varphi_{右}$	$\varphi'_{右}$	A_i	$\overline{A}$
1						
2						
3						
4						
5						
6						

3. 三棱镜的折射率测定

(1) 用钠光灯照亮准直管狭缝，并使三棱镜、望远镜和准直管处于图 5-2-11 所示的相对位置，左右微微转动望远镜，即可在望远镜中观察到狭缝所成的像，调节“狭缝宽度调节手轮”，使狭缝的像细而清晰地成在望远镜的分划板上.

(2) 慢慢转动载物台(改变入射角 i_1)，使狭缝像向入射光方向靠拢，即减小偏向角，并转动望远镜跟踪狭缝的像. 直到棱镜继续转动时，狭缝的像开始反向移动(即偏向角反而变大). 这个反向移动的转折位置，就是光线以最小偏向角射出的方向. 拧紧“游标盘止动螺丝”，即固定载物台. 然后转动望远镜，使其分划板上的中心竖线对准狭缝像. 分别读出此时左右游标上的相应读数 $\varphi_{左}$ 和 $\varphi_{右}$.

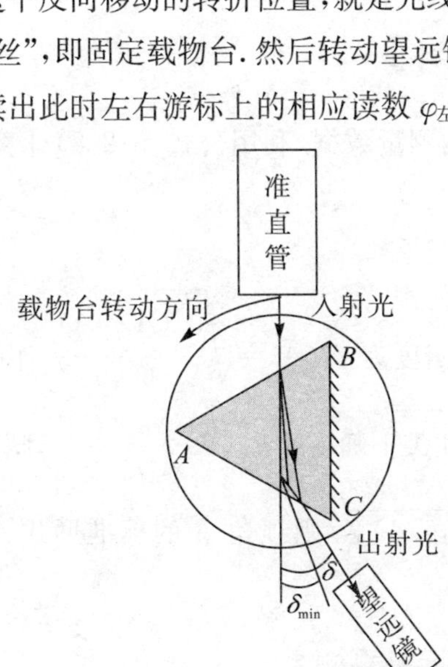

图 5-2-11 最小偏向角测定装置示意图

(3) 移去三棱镜,转动望远镜,使望远镜对准准直管光轴位置,读出两个游标的相应读数 $\varphi'_{左}$ 和 $\varphi'_{右}$,则最小偏向角为

$$\delta_{\min}=\frac{1}{2}(|\varphi'_{左}-\varphi_{左}|+|\varphi'_{右}-\varphi_{右}|) \tag{5-2-9}$$

重复测量 6 次将数据记录表 5-2-2 中.

表 5-2-2 三棱镜折射率测定数据记录表

次数	$\varphi_{左}$	$\varphi'_{左}$	$\varphi_{右}$	$\varphi'_{右}$	δ_i	$\overline{\delta}_{\min}$
1						
2						
3						
4						
5						
6						

【数据处理及误差分析】

1. 三棱镜顶角的测量

(1) 由表 5-2-1 中的测量数据,利用公式(5-2-8)计算出三棱镜的顶角 A,求出平均值 $\overline{A}$.

(2) 估算不确定度

顶角 A 的 A 类不确定度为 $u_A(\overline{A})=\sqrt{\dfrac{\sum\limits_{i=1}^{6}(A_i-\overline{A})^2}{6\times 5}}$,由于分光计的仪器误差限为 $\sigma_{仪}=1'$,得顶角 A 的 B 类不确定度 $u_B(\overline{A})=\dfrac{\sigma_{仪}}{\sqrt{3}}=\dfrac{1'}{\sqrt{3}}$,则顶角 A 合成不确定度为 $u_C(\overline{A})=\sqrt{[u_A(\overline{A})]^2+[u_B(A)]^2}$. 则顶角 A 的标准形式 $A=\overline{A}\pm u_C(A)$(置信概率).

2. 三棱镜玻璃的折射率测定

(1) 由表 5-2-2 所测得的数据,利用公式(5-2-9)计算出最小偏向角 $\delta_{\min}$,求出平

均值 $\bar{\delta}_{\min}$. 与数据处理一中类似，计算不确定度 $u_C(\delta_{\min})$，写出标准式 $\delta=\bar{\delta}_{\min}\pm u_C(\bar{\delta}_{\min})$（置信概率）.

(2) 将顶角$\bar{A}$，最小偏向角 $\bar{\delta}_{\min}$代入(5-2-7)式，计算出三棱镜玻璃的折射率 n 的最佳估计值.

(3) 折射率 n 的不确定度估算.

并利用误差传递公式得

$$u_C(\bar{n})=\sqrt{\frac{\cos^2\dfrac{\bar{\delta}_{\min}+\bar{A}}{2}}{4\sin^2\dfrac{\bar{A}}{2}}[u_C(\bar{\delta}_{\min})]^2+\frac{\left(\cos\dfrac{\bar{\delta}_{\min}+\bar{A}}{2}\sin\dfrac{\bar{A}}{2}-\sin\dfrac{\bar{\delta}_{\min}+\bar{A}}{2}\cos\dfrac{\bar{A}}{2}\right)^2}{4\sin^2\dfrac{\bar{A}}{2}}[u_C(\bar{A})]^2}$$

计算出不确定度 $u_C(\bar{n})$，写成标准式 $n=\bar{\delta}_{\min}\pm u_C(\bar{n})$（置信概率）.

【注意事项】

(1) 调节后的分光计在使用中，不要破坏已调好的条件.

(2) 分光计是精密仪器，可调部分较多，要明确它们的作用，不要随意乱调.

(3) 转动载物台，都是指转动游标盘带动载物台一起转动.

(4) 每个螺丝调节的动作要轻，不可用力过大将螺丝拧坏滑丝.

(5) 在游标读数过程中，由于望远镜可能位于任何方位，故应注意望远镜转动过程中是否越过了刻度的零点，如越过零点则必须按式 $\varphi=360°-|\varphi'_{左}-\varphi_{左}|$计算望远镜的转角.

【思考题】

(1) 通过实验，你认为调节分光计的关键是什么？

(2) 分光计的双游标读数与游标卡尺的读数有何异同点？

(3) 能否直接通过三棱镜的两个光学面来调望远镜主光轴与分光计主轴垂直，为什么？

(4) 转动望远镜测角度之前，分光计的哪些部分应固定不动？望远镜应和什么盘一起转动？

5-3 用牛顿环干涉测透镜的曲率半径

【实验目的】

(1) 观察光的等厚干涉现象,熟悉光的等厚干涉的特点;

(2) 进一步熟悉读数显微镜的使用方法.

【实验仪器】

牛顿环仪、钠灯、读数显微镜.

【实验原理】

光的干涉是光的波动性的一种表现.若将同一点光源发出的光分成两束,让它们各经不同路径后再相会在一起,当光程差小于光源的相干长度,一般就会产生干涉现象.牛顿环是等厚干涉非常典型的例子.

等厚干涉现象在科学研究和工业技术上有着广泛的应用,如测量光波的波长,精确地测量长度、厚度和角度,检验试件表面的光洁度,研究机械零件内应力的分布以及在半导体技术中测量硅片上氧化层的厚度等.

根据光的干涉理论,当一束单色光照射到透明薄膜上时,分别经膜的上、下两表面反射的光将会在相遇处产生干涉.在不考虑半波损失的情况下,两相干光波的光程差可表示为

$$\delta = 2nh\cos i' \tag{5-3-1}$$

式中,n 为膜的折射率,h 为膜厚(各点可以不一样),i' 为光波在膜内的折射角.当 i' 一定时(如平行光入射),光程差 δ 便随薄膜厚度 h 的不同而不同,而相同厚度处则具有相同的干涉条件.这样所形成的干涉图样称等厚干涉图样.

当把一个曲率半径很大的平凸透镜的凸面放在一块平板玻璃上时,便在透镜

和平板玻璃之间形成了自中心向外厚度不等的空气薄膜.用单色光垂直照射透镜表面,在反射光中就可观察到等厚干涉图样.由于空气膜在距接触点距离相等的各处厚度相等,所以形成的等厚干涉图样是以接触点为圆心的一系列明、暗相间的同心圆环,称为牛顿环.

设平凸透镜凸面的曲率半径为 R,在距接触点 r 处空气膜的厚度为 h.根据图 5-3-1 中的几何关系,r、h、R 三者关系为 $h=r^2/(2R-h)$,考虑到 $R\gg h$ 上式可近似为

$$h=\frac{r^2}{2R} \tag{5-3-2}$$

由于光在从光疏介质垂直射向光密介质时,反射光在界面处有半波损失(本实验中,光在空气膜下表面上反射时就存在这种情况),所以距接触点 r 处的两反射光的光程差为(空气折射率 $n=1$):

$$\delta=2nh\cos 0^\circ+\frac{\lambda}{2}=2\cdot\frac{r^2}{2R}\cos 0^\circ+\frac{\lambda}{2}=\frac{r^2}{R}+\frac{\lambda}{2} \tag{5-3-3}$$

当 $\delta=2k\cdot\frac{\lambda}{2}$ 时,在反射光中见到的亮环,即产生亮纹的条件是

$$\frac{r_k^2}{R}-\frac{\lambda}{2}=2k\cdot\frac{\lambda}{2} \tag{5-3-4a}$$

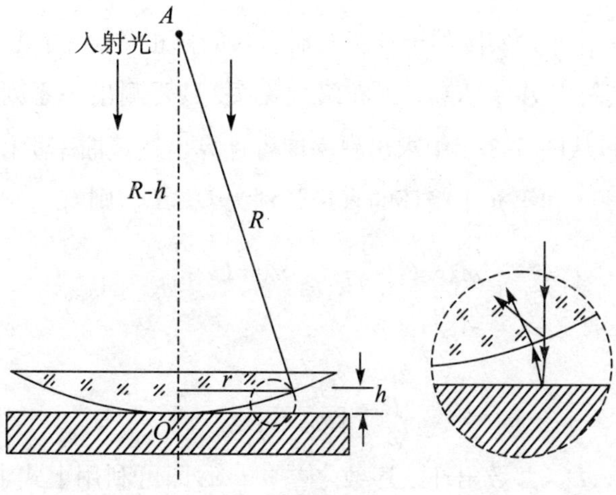

图 5-3-1

$$R=\frac{2r_k^2}{(2k+1)\lambda} \tag{5-3-4b}$$

$$h=\frac{r^2}{2R} \tag{5-3-4c}$$

当 $\delta=k\lambda+\frac{\lambda}{2}(k=0,1,2,3,\cdots)$时，得到暗条纹，这时有

$$\frac{r_k^2}{R}-\frac{\lambda}{2}=(2k-1)\cdot\frac{\lambda}{2} \tag{5-3-5a}$$

$$R=\frac{r_k^2}{k\cdot\lambda} \tag{5-3-5b}$$

原则上，只要测出某一级干涉条纹（亮纹或暗纹）的半径 r_k，并数出干涉级次 k，就可利用式(5-3-4b)或(5-3-5b)求出透镜的曲率半径 R（一般是选择暗纹，利用公式(5-3-5b)求半径 R）.

实际上，由于灰尘的存在和机械压力使玻璃变形，导致接触处不是一个点，而是一个面.干涉图样中心不再是零级暗斑，从而数得的干涉级次也与实际不符，直接利用式(5-3-5b)计算，将会给结果带来较大的系统误差.

实验上，为了提高测量结果的精度，通常不是去测干涉环半径，而是测量直径.对测量数据的处理可采用下面两种方法进行.

方法一：设第 m 个暗环的直径为 D_m，代入公式(5-3-5b)得

$$m\lambda+C=\frac{D_m^2}{4R} \tag{5-3-6}$$

式中，C 是由于 m 并非是实际的干涉级 k 而引入的修正常量.可见 D_m^2 与 m 之间是一种线性关系，其斜率 $A=4R\lambda$ 与干涉级次无关.只要测出一系列 D_m 的值，作出 $D_m^2\sim m$ 关系曲线，从图 5-3-1 中求出斜率即可计算出透镜曲率半径 R.

方法二：设第 m 和第 n 个暗环的直径分别为 D_m、D_n，则有

$$m\lambda+C=\frac{D_m^2}{4R},\quad n\lambda+C=\frac{D_n^2}{4R}$$

两式相减，可得

$$R=\frac{D_m^2-D_n^2}{4(m-n)\lambda} \tag{5-3-7}$$

只要测得 D_m、D_n，并数出环纹序数之差 $m-n$，即可利用上式求出透镜曲率半径 R.

理论上可以证明，当以 m 环和 m 的同一割线上的弦对应地代替公式(5-3-7)中的直径 D_m、D_n 时，所得的结果仍为 R.故用(5-3-7)式测量 R 时还可以测量显微镜十字叉丝不过圆心所引入的误差.不过，实验中尽可能地测量干涉圆环的直径，这样容易对准，可减小瞄准误差.

【实验内容和步骤】

(1) 调节牛顿环仪的三个调节螺钉，使干涉圆环中心基本上处在牛顿环仪的中心. 注意：不要拧得太紧，以免使接触处严重变形.

(2) 按图 5-3-2 安排好光路，使得从光源（本实验用钠灯作为准单色光源）发出的光经凸透镜 L 会聚和半反半透镜 P 的反射后，以平行光的形式垂直照射到牛顿环仪上，并使光源的高度与读数显微镜上的半反膜大致等高，视场较亮.

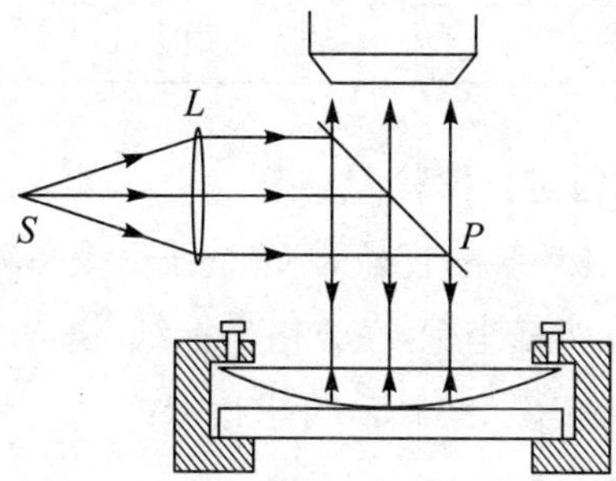

图 5-3-2

(3) 调节读数显微镜的目镜，使在目镜中能清晰地看到叉丝. 调节读数显微镜物镜上下位置，使视场中能清晰看到牛顿环. 适当移动牛顿环仪，使牛顿环中心基本与叉丝中心相重合.

(4) 旋转读数显微镜的测量微调手轮，使叉丝离开牛顿环中心暗斑. 从明显的第一暗环纹（测量暗环纹容易对准）向外数至第 m 环（如第 20 环）纹之外，然后反向旋转微调手轮使叉丝的中竖线与该暗纹中心相切，记下此位置的读数. 继续沿着同一方向逐级向中心数测到 n 环（如测到距中心为第 10 环处）. 详细记录出环数与相应的位置读数，待叉丝中竖线通过牛顿环中心暗斑后，继续按同一方向依次从明显的第一暗环纹数到 n 环（即第 10 环）时，再开始记测环数与相应的位置读数，直到第 m 环（即第 20 环）. 这样即可求得各个暗环的直径. 注意，不能数错环纹数. 填表 5-3-1 中.

(5) 数据处理.

① 方法一：利用第 m 环（如第 20 环）和第 n 环（如第 10 环）的直径，直接代入式(5-3-7)，计算得

$$R=\frac{D_{20}^2-D_{10}^2}{4(20-10)\lambda}=\frac{D_{20}^2-D_{10}^2}{40\lambda} \tag{5-3-8a}$$

表 5-3-1

级数	m_i	20	19	18	17	16	15	14	13	12	11
位置	左										
	右										
直径	D_{m_i}										
级数	m_i	10	9	8	7	6	5	4	3	2	1
位置	左										
	右										
直径	D_{m_i}										

这样处理，计算方便，可随时进行校验.

② 方法二：利用所测各环纹的直径 D_i（i 是任一级暗环纹序数），以 D_i^2 为纵坐标，以其相应的环纹序数 i 为横坐标，在方格坐标纸上标出数据点，作图得一直线. 参考公式(5-3-8)，直线的斜率 $A=4R\lambda$，可求得 R：

$$R=\frac{A}{4\lambda} \tag{5-3-8b}$$

③ 方法三——逐差法：将所测得的一系列环纹直径（一般测量偶数个）按从小到大的顺序排列，并从中间等分成两组：

A 组：$D_1, D_2, D_3, \cdots, D_n$；

B 组：$D_{n+1}, D_{n+2}, D_{n+3}, \cdots, D_{2n(=m)}$.

对应直径的平方相减，即 $D_{n+i}^2-D_i^2$，如 $D_{20}^2-D_{10}^2$，$D_{19}^2-D_9^2$ 等. 这样，用每一对直径平方差都可以求出一个曲率半径值

$$R_i=\frac{D_{n+i}^2-D_i^2}{4(n+i-i)\lambda}=\frac{D_{n+i}^2-D_i^2}{4n\lambda} \tag{5-3-9a}$$

取算术平均，作为最后结果

$$\overline{R}=\frac{\sum_{i=1}^{n}\frac{D_{i+n}^2-D_i^2}{4n\lambda}}{n}=\sum_{i=1}^{n}\frac{D_{i+n}^2-D_i^2}{4n^2\lambda} \tag{5-3-9b}$$

【思考题】

(1) 调节和使用移测显微镜时应注意哪些问题？

(2) 为什么实验中测的是牛顿环的直径而不是半径?若看到的牛顿环局部不圆,这说明了什么?

(3) 从牛顿环仪透射出到环底的光能形成干涉条纹吗?如果能形成干涉环,则与反射光形成的条纹有何不同?

附　　录

附录 1　国际单位制的相关规定

附表 1-1　国际单位制的基本单位

量的名称	单位名称	单位符号
长度	米	m
质量(重量)	千克(公斤)	kg
时间	秒	s
电流	安[培]	A
热力学温度	开[尔文]	K
物质的量	摩[尔]	mol
发光强度	坎[德拉]	cd

附表 1-2　国际单位制的辅助单位

量的名称	单位名称	单位符号
平面角	弧度	rad
立体角	球面度	sr

附表 1-3 国际单位制中具有专门名称的导出单位

量的名称	单位名称	单位符号	其他表示示例
频率	赫[兹]	Hz	g^{-1}
力;重力	牛[顿]	N	$kg \cdot m/s^2$
压力,压强;应力	帕[斯卡]	Pa	N/m^2
能量;功;热	焦[耳]	J	$N \cdot m$
功率;辐射通量	瓦[特]	W	J/s
电荷量	库[仑]	C	$A \cdot s$
电位;电压;电动势	伏[特]	V	W/A
电容	法[拉]	F	C/V
电阻	欧[姆]	Ω	V/A
电导	西[门子]	S	A/V
磁通量	韦[伯]	Wb	$V \cdot s$
磁通量密度,磁感应强度	特[斯拉]	T	Wb/m^2
电感	亨[利]	H	Wb/A
摄氏温度	摄氏度	℃	
光通量	流[明]	lm	$cd \cdot sr$
光照度	勒[克斯]	lx	lm/m^2
放射性活度	贝可[勒尔]	Bq	s^{-1}
吸收剂量	戈[瑞]	Gy	J/kg
剂量当量	希[沃特]	Sv	J/kg

附表 1-4 国家选定的非国际单位制单位

量的名称	单位名称	单位符号	换算关系和说明
时间	分	mim	1 min=60 s
	[小]时	h	1 h=60 min=3 600 s
	天(日)	d	1 d=24 h=86 400 s

续表

量的名称	单位名称	单位符号	换算关系和说明
平面角	[角]秒 [角]分 度	(″) (′) (°)	$1''=(\pi/648\ 000)$rad (π为圆周率) $1'=60''=(\pi/10\ 800)$rad $1^\circ=60'=(\pi/180)$rad
旋转速度	转每分	r/min	$1\text{r/min}=(1/60)\text{s}^{-1}$
长度	海里	nmile	1 nmile=1 852 m (只用于航程)
速度	节	kn	1 kn=1 nmile/h=(1 852/3 600)m/s (只用于航行)
质量	吨 原子质量单位	t u	$1\ \text{t}=10^3\ \text{kg}$ $1\ \text{u}=1.660\ 565\ 5\times10^{-27}\ \text{kg}$
体积	升	L(l)	$1\ \text{L}=1\ \text{dm}^3=10^{-3}\ \text{m}^3$
能	电子伏	eV	$1\ \text{eV}=1.602\ 189\ 2\times10^{-19}\ \text{J}$
级差	分贝	dB	
线密度	特[克斯]	tex	1 tex=1 g/km

附表 1-5　用于构成十进倍数和分数单位的词头

所表示的因数	词头名称	词头符号
10^{18}	艾[可萨]	E
10^{15}	拍[它]	P
10^{12}	太[拉]	T
10^{9}	吉[咖]	G
10^{6}	兆	M
10^{3}	千	k
10^{2}	百	h
10^{1}	十	da
10^{-1}	分	d
10^{-2}	厘	c
10^{-3}	毫	m

续表

所表示的因数	词头名称	词头符号
10^{-6}	微	μ
10^{-9}	纳[诺]	n
10^{-12}	皮[可]	p
10^{-15}	阿飞[母托]	f
10^{-18}	[托]	a

注　(1) 周、月、年(年的符号为 a)为一般常用时间单位.

(2) [　]内的字,是在不致混淆的情况下,可以省略的字.

(3) (　)内的字为前者的同义语.

(4) 角度单位度分秒的符号不处于数字后时,用括弧.

(5) 升的符号中,小写字母 l 为备用符号.

(6) r 为“转”的符号.

(7) 在人们生活的贸易中,质量习惯称为重量.

(8) 公里为千米的俗称,符号为 km.

(9) 10^4 称为万,10^8 称为亿,10^{12} 称为万亿,这类数词的使用不受词头名称的影响,但不应与词头混用.

附录 2　常用物理数据

附表 2-1　基本物理常量

名　　称	符号、数值和单位
真空中的光速	$c=2.997\ 924\ 58\times10^{8}$ m/s
电子的电荷	$e=1.602\ 189\ 2\times10^{-19}$ C
普朗克常量	$h=6.626\ 176\times10^{-34}$ J·s
阿伏伽德罗常量	$N_0=6.022\ 045\times10^{23}$ mol^{-1}
原子质量单位	$u=1.660\ 565\ 5\times10^{-27}$ kg
电子的静止质量	$m_e=9.109\ 534\times10^{-31}$ kg

续表

名称	符号、数值和单位
电子的荷质比	$e/m_e = 1.758\ 804\ 7\times10^{11}$ C/kg
法拉第常量	$F = 9.648\ 456\times10^{4}$ C/mol
氢原子的里德伯常量	$R_H = 1.096\ 776\times10^{7}\ m^{-1}$
摩尔气体常量	$R = 8.314\ 41$ J/(mol·K)
玻尔兹曼常量	$k = 1.380\ 622\times10^{-23}$ J/K
洛施密特常量	$n = 2.687\ 19\times1\ 025\ m^{-3}$
万有引力常量	$G = 6.672\ 0\times10^{-11}\ N\cdot m^2/kg^2$
标准大气压	$P_0 = 101\ 325$ Pa
冰点的绝对温度	$T_0 = 273.15$ K
声音在空气中的速度(标准状态下)	$v = 331.46$ m/s
干燥空气的密度(标准状态下)	$\rho_{空气} = 1.293\ kg/m^3$
水银的密度(标准状态下)	$\rho_{水银} = 13\ 595.04\ kg/m^3$
理想气体的摩尔体积(标准状态下)	$V_m = 22.413\ 83\times10^{-3}\ m^3/mol$
真空中介电常量(电容率)	$\varepsilon_0 = 8.854\ 188\times10^{-12}$ F/m
真空中磁导率	$\mu_0 = 12.566\ 371\times10^{-7}$ H/m
钠光谱中黄线的波长	$D = 589.3\times10^{-9}$ m
镉光谱中红线的波长(15 ℃,101 325 Pa)	$\lambda_{cd} = 643.846\ 96\times10^{-9}$ m

附表 2-2 在 20 ℃时固体和液体的密度

物质	密度 ρ(kg/m^3)	物质	密度 ρ(kg/m^3)
铝	2 698.9	石英	2 500～2 800
铜	8 960	水晶玻璃	2 900～3 000
铁	7 874	冰(0 ℃)	880～920
银	10 500	乙醇	789.4
金	19 320	乙醚	714
钨	19 300	汽车用汽油	710～720
铂	21 450	弗利昂-12 (氟氯烷-12)	1 329
铅	11 350	变压器油	840～890
锡	7 298	甘油	1 260
水银	13 546.2		
钢	7 600～7 900		

附表 2-3　在标准大气压下不同温度时水的密度

温度 t(℃)	密度 ρ(kg/m^3)	温度 t(℃)	密度 ρ(kg/m^3)	温度 t(℃)	密度 ρ(kg/m^3)
0	999.841	16	998.943	32	995.025
1	999.900	17	998.774	33	994.702
2	999.941	18	998.595	34	994.371
3	999.965	19	998.405	35	994.031
4	999.973	20	998.203	36	993.68
5	999.965	21	997.992	37	993.33
6	999.941	22	997.770	38	992.96
7	999.902	23	997.538	39	992.59
8	999.849	24	997.296	40	992.21
9	999.781	25	997.044	50	988.04
10	999.700	26	996.783	60	983.21
11	999.605	27	996.512	70	977.78
12	999.498	28	996.232	80	971.80
13	999.377	29	995.944	90	965.31
14	999.244	30	995.646	100	958.35
15	999.099	31	995.340		

附表 2-4　在海平面上不同纬度处的重力加速度①

纬度 φ	g(m/s^2)	纬度 φ	g(m/s^2)
0°	9.780 49	50°	9.810 79
5°	9.780 88	55°	9.815 15
10°	9.782 04	60°	9.819 24
15°	9.783 94	65°	9.822 94
20°	9.786 52	70°	9.826 14
25°	9.789 69	75°	9.828 73
30°	9.783 38	80°	9.830 65
35°	9.797 46	85°	9.831 82
40°	9.801 80	90°	9.832 21
45°	9.806 29		

①　表中所列数值是根据公式 $g=9.780\ 49(1+0.005\ 288\sin2\varphi-0.000\ 006\sin2\varphi)$ 算出的，其中，φ 为纬度.

附表 2-5 固体的线膨胀系数

物质	温度或温度范围(℃)	α(×10^{-6}℃$^{-1}$)
铝	0～100	23.8
铜	0～100	17.1
铁	0～100	12.2
金	0～100	14.3
银	0～100	19.6
钢(0.05%碳)	0～100	12.0
康铜	0～100	15.2
铅	0～100	29.2
锌	0～100	32
铂	0～100	9.1
钨	0～100	4.5
石英玻璃	20～200	0.56
窗玻璃	20～200	9.5
花岗石	20	6～9
瓷器	20～700	3.4～4.1

附表 2-6 在 20 ℃时某些金属的弹性模量(杨氏模量)①

金属	杨氏模量 Y	
	(1 GPa=10^3 MPa)	(kgf/mm^2)
铝	69～70	7 000～7 100
钨	407	41 500
铁	186～206	19 000～21 000
铜	103～127	10 500～13 000
金	77	7 900
银	69～80	7 000～8 200
锌	78	8 000
镍	203	20 500
铬	235～245	24 000～25 000
合金钢	206～216	21 000～22 000
碳钢	196～206	20 000～21 000
康铜	160	16 300

① 杨氏弹性模量的值与材料的结构、化学成分及其加工制造方法有关. 因此,在某些情况下,Y 的值可能与表中所列的平均值不同.

附表 2-7　在 20 ℃时与空气接触的液体的表面张力系数

液体	$\sigma(\times10^{-3}$ N/m)	液体	$\sigma(\times10^{-3}$ N/m)
石油	30	甘油	63
煤油	24	水银	513
松节油	28.8	篦麻	36.4
水	72.75	乙醇	22.0
肥皂溶液	40	乙醇(在 60 ℃时)	18.4
弗利昂-12	9.0	乙醇(在 0 ℃时)	24.1

附表 2-8　在不同温度下与空气接触的水的表面张力系数

温度(℃)	$\sigma(\times10^{-3}$ N/m)	温度(℃)	$\sigma(\times10^{-3}$ N/m)	温度(℃)	$\sigma(\times10^{-3}$ N/m)
0	75.62	16	73.34	30	71.15
5	74.90	17	73.20	40	69.55
6	74.76	18	73.05	50	67.90
8	74.48	19	72.89	60	66.17
10	74.20	20	72.75	70	64.41
11	74.07	21	72.60	80	62.60
12	73.92	22	72.44	90	60.74
13	73.78	23	72.28	100	58.84
14	73.64	24	72.12		
15	73.48	25	71.96		

附表 2-9　不同温度时水的黏滞系数

温度(℃)	黏滞系数 η		温度(℃)	黏滞系数 η	
	(μPa・s)	($\times10^{-6}$ kgf・s /mm^2)		(μPa・s)	($\times10^{-6}$ kgf・s /mm^2)
0	1 787.8	182.3	60	469.7	47.9
10	1 305.3	133.1	70	406.0	41.4
20	1 004.2	102.4	80	355.0	36.2
30	801.2	81.7	90	314.8	32.1
40	653.1	66.6	100	282.5	28.8
50	549.2	56.0			

附表 2-10 不同温度时干燥空气中的声速 (单位:m/s)

温度(℃)	0	1	2	3	4	5	6	7	8	9
60	366.05	366.60	367.14	367.69	368.24	368.78	369.33	369.87	370.42	370.96
50	360.51	361.07	361.62	362.18	362.74	363.29	363.84	364.39	364.95	365.50
40	354.89	355.46	356.02	356.58	357.15	357.71	358.27	358.83	359.39	359.95
30	349.18	349.75	350.33	350.90	351.47	352.04	352.62	353.19	353.75	354.32
20	343.37	343.95	344.54	345.12	345.70	346.29	346.87	347.44	348.02	348.60
10	337.46	338.06	338.65	339.25	339.84	340.43	341.02	341.61	342.20	342.58
0	331.45	332.06	332.66	333.27	333.87	334.47	335.07	335.67	336.27	336.87
-10	325.33	324.71	324.09	323.47	322.84	322.22	321.60	320.97	320.34	319.52
-20	319.09	318.45	317.82	317.19	316.55	315.92	315.28	314.64	314.00	313.36
-30	312.72	312.08	311.43	310.78	310.14	309.49	308.84	308.19	307.53	306.88
-40	306.22	305.56	304.91	304.25	303.58	302.92	302.26	301.59	300.92	300.25
-50	299.58	298.91	298.24	397.56	296.89	296.21	295.53	294.85	294.16	293.48
-60	292.79	292.11	291.42	290.73	290.03	289.34	288.64	287.95	287.25	286.55
-70	285.84	285.14	284.43	283.73	283.02	282.30	281.59	280.88	280.16	279.44
-80	278.72	278.00	277.27	276.55	275.82	275.09	274.36	273.62	272.89	272.15
-90	271.41	270.67	269.92	269.18	268.43	267.68	266.93	266.17	265.42	264.66

附表 2-11 固体导热系数 λ

物质	温度(K)	$\lambda(\times 10^2\ W/m\cdot K)$	物质	温度(K)	$\lambda(\times 10^2\ W/m\cdot K)$
银	273	4.18	康铜	273	0.22
铝	273	2.38	不锈钢	273	0.14
金	273	3.11	镍铬合金	273	0.11
铜	273	4.0	软木	273	0.3×10^{-3}
铁	273	0.82	橡胶	298	1.6×10^{-3}
黄铜	273	1.2	玻璃纤维	323	0.4×10^{-3}

附表 2-12　某些固体的比热容

固体	比热容(J·kg⁻¹·K⁻¹)	固体	比热容(J·kg⁻¹·K⁻¹)
铝	908	铁	460
黄铜	389	钢	450
铜	385	玻璃	670
康铜	420	冰	2 090

附表 2-13　某些金属和合金的电阻率及其温度系数

温度(℃)	0	5	10	15	20	25	30	40	50	60	70	80	90	99
比热容 $(J \cdot kg^{-1} \cdot K^{-1})$	4217	4202	4192	4186	4182	4179	4178	4178	4180	4184	4189	4196	4205	4215

附表 2-14　某些金属和合金的电阻率及其温度系数①

金属或合金	电阻率 $(10^{-6}\ \Omega \cdot m)$	温度系数 $(℃^{-1})$	金属或合金	电阻率 $(10^{-6}\ \Omega \cdot m)$	温度系数 $(℃^{-1})$
铝	0.028	42×10^{-4}	锌	0.059	42×10^{-4}
铜	0.0172	43×10^{-4}	锡	0.12	44×10^{-4}
银	0.016	40×10^{-4}	水银	0.958	10×10^{-4}
金	0.024	40×10^{-4}	武德合金	0.52	37×10^{-4}
铁	0.098	60×10^{-4}	钢(0.10%～0.15%碳)	0.10～0.14	6×10^{-3}
铅	0.205	37×10^{-4}	康铜	0.47～0.51	$(-0.04\sim+0.01)\times10^{-3}$
铂	0.105	39×10^{-4}	铜锰镍合金	0.34～1.00	$(-0.03\sim+0.02)\times10^{-3}$
钨	0.055	48×10^{-4}	镍铬合金	0.98～1.10	$(0.03\sim0.4)\times10^{-3}$

① 电阻率与金属中的杂质有关，因此表中列出的只是 20 ℃时电阻率的平均值.

附表 2-15　不同金属或合金与铂(化学纯)构成热电偶的热电动势

(热端在 100 ℃,冷端在 0 ℃时)①

金属或合金	热电动势(mV)	连续使用温度(℃)	短时使用最高温度(℃)
95%Ni+5%(Al,Si,Mn)	−1.38	1 000	1 250
钨	+0.79	2 000	2 500
手工制造的铁	+1.87	600	800
康铜(60%Cu+40%Ni)	−3.5	600	800
56%Cu+44%Ni	−4.0	600	800
制导线用铜	+0.75	350	500
镍	−1.5	1 000	1 100
80%Ni+20%Cr	+2.5	1 000	1 100
90%Ni+10%Cr	+2.71	1 000	1 250
90%Pt+10%Ir	+1.3	1 000	1 200
90%Pt+10%Rh	+0.64	1 300	1 600
银	+0.72	600	700

附表 2-16　在常温下某些物质相对于空气的光的折射率

物质	H_α 线(656.3 nm)	D 线(589.3 nm)	H_β 线(486.1 nm)
水(18 ℃)	1.331 4	1.333 2	1.337 3
乙醇(18 ℃)	1.360 9	1.362 5	1.366 5
二硫化碳(18 ℃)	1.619 9	1.629 1	1.654 1
冕玻璃(轻)	1.512 7	1.515 3	1.521 4
冕玻璃(重)	1.612 6	1.615 2	1.621 3
燧石玻璃(轻)	1.603 8	1.608 5	1.620 0
燧石玻璃(重)	1.743 4	1.751 5	1.772 3
方解石(寻常光)	1.654 5	1.658 5	1.667 9
方解石(非常光)	1.484 6	1.486 4	1.490 8
水晶(寻常光)	1.541 8	1.544 2	1.549 6
水晶(非常光)	1.550 9	1.553 3	1.558 9

① 表中的"+"或"−"表示该电极与铂组成热电偶时,其热电动势是正或负。当热电动势为正时,在处于 0 ℃的热电偶一端电流由金属(或合金)流向铂。为了确定用表中所列任何两种材料构成的热电偶的热电动势,应当取这两种材料的热电动势的差值。例如:铜−康铜热电偶的热电动势等于+0.75−(−3.5)=4.25(mV).

参 考 文 献

[1] 郑庆华，童悦. 大学物理实验[M]. 合肥：中国科学技术大学出版社，2012.

[2] 李玉琮，赵光强，林智群. 大学物理实验[M]. 北京：北京邮电大学出版社，2006.

[3] 谢行恕，康士秀，霍剑青. 大学物理实验[M]. 北京：高等教育出版社，2000.

[4] 刘书华，王保柱. 物理实验教程[M]. 北京：清华大学出版社，2009.

[5] 李志超，轩植华，霍剑青. 大学物理实验[M]. 北京：高等教育出版社，2000.

[6] 刘积学，李爱侠，等. 大学物理演示实验[M]. 合肥：中国科学技术大学出版社，2010.

[7] 张宏. 大学物理实验[M]. 合肥：中国科学技术大学出版社，2009.

[8] 袁广宇，朱德权，等. 大学物理实验. 一级[M]. 2 版. 合肥：中国科学技术大学出版社，2009.